# Material und Werkzeuge

# Holz

Für die Herstellung unserer Spielzeuge ist Holz der ideale Werkstoff. Seine hervorragenden physikalischen Eigenschaften bieten günstige Arbeitsmöglichkeiten. Nadelhölzer wie Fichte und Kiefer eignen sich für diese Zwecke besonders gut, wobei der Verlauf der Maserung als Gestaltungselement einbezogen werden kann.

Aber auch härtere Laubhölzer wie Buche und Ahorn finden unser Interesse. Sie sind für höhere Beanspruchung (Räder, Achsen) geeigneter als die weichen Nadelhölzer.

Um die negativen Eigenschaften des Materials auszuschalten, verwenden Sie bitte abgelagertes, trockenes Holz. Der Fachhandel bietet genügend Möglichkeiten an. Wählen Sie beim Kauf Bretter mit stehenden Jahresringen. Sie sind den Brettern mit liegenden Jahresringen vorzuziehen, denn die Gefahr des Verwerfens ist geringer. Genauere Hinweise zu den Hölzern erfolgen in den Materiallisten. Die dort angegebenen Zuschnittgrößen berücksichtigen eventuellen Schwund und Verschnitt.

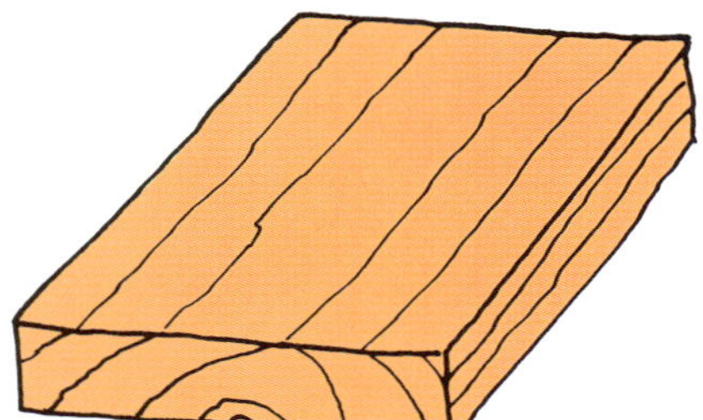

*Stehende Jahresringe*

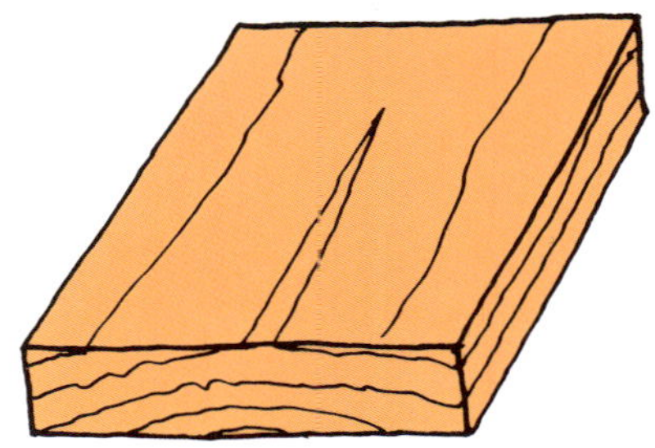

*Liegende Jahresringe*

# Leim

Falls Verleimen notwendig ist, muß es werkstoffgerecht ausgeführt werden, d. h. Splint an Splint oder Kern an Kern.

Für alle Klebearbeiten verwendet man einfache Holzweißleime (PVA = Polyvinylacetat). Allerdings haftet dieser nicht auf bemalten Flächen. Deshalb ist es ratsam, vor dem Bemalen zu verleimen. Die zu verklebenden Flächen werden beidseitig mit Leim bestrichen. Ein flacher, breiter Pinsel eignet sich am besten.

Bringen Sie die beiden Klebeflächen mit leichtem Druck zusammen. Mit Hilfe einer Schraubzwinge wird der nötigen Druck erzeugt. Den an den Rändern ausquellenden Leim entfernen Sie sorgfältig durch Abwischen mit einem feuchten Tuch. Nach 24 Stunden sind die so verbundenen Teile stabil und fest.

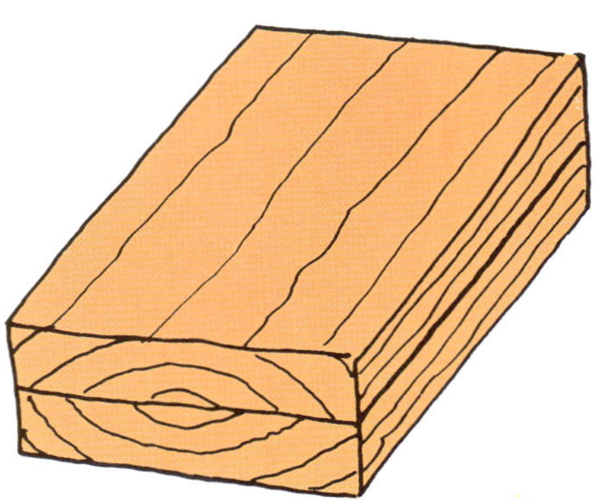

*Kern an Kern*

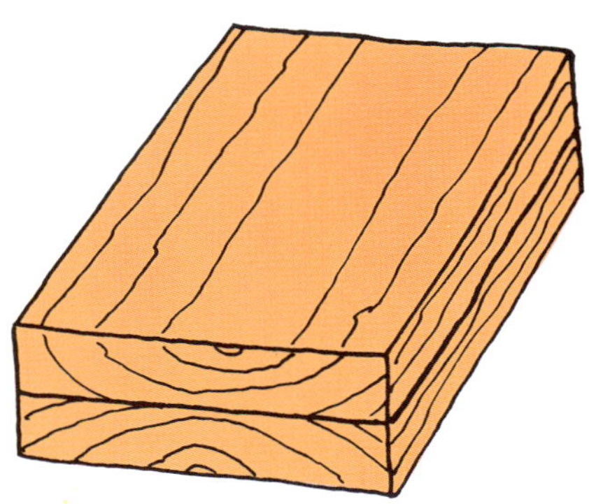

*Splint an Splint*

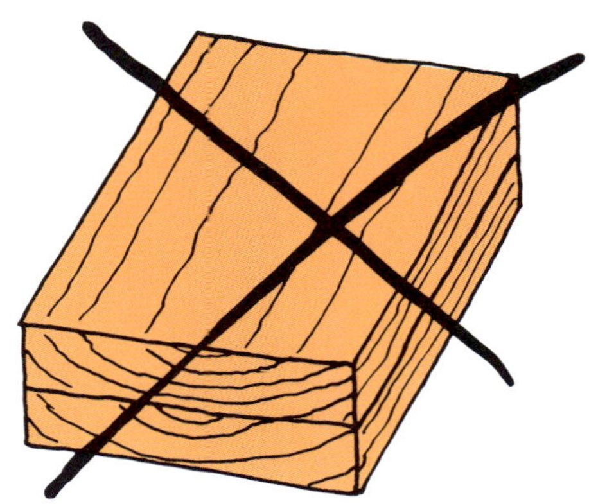

*Falsch (Kern an Splint)*

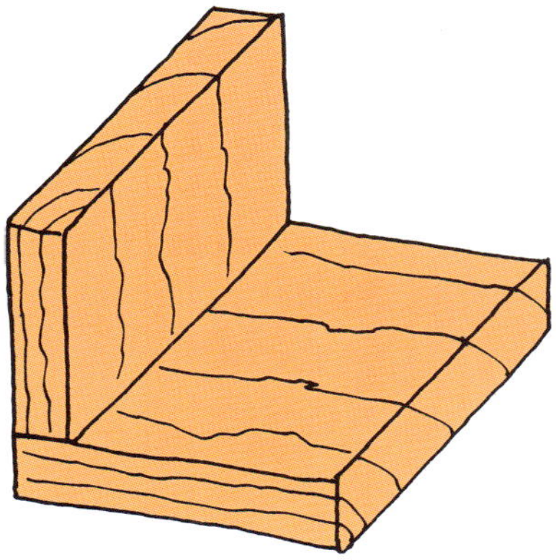

*Richtig*
*(Schwundrichtung gleich)*

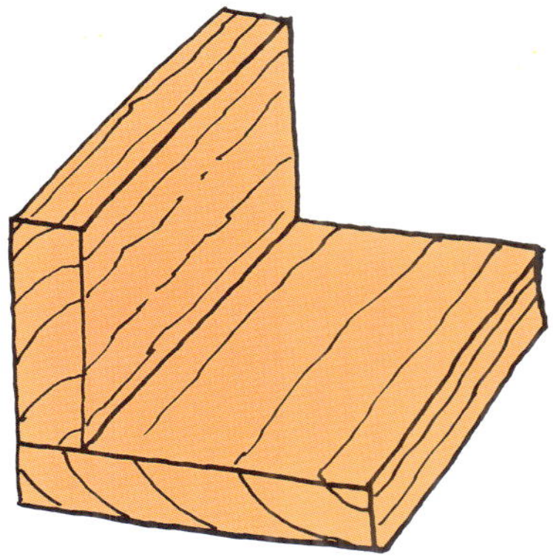

*Richtig*
*(Schwundrichtung gleich)*

*Falsch*
*(Langholz auf Querholz)*

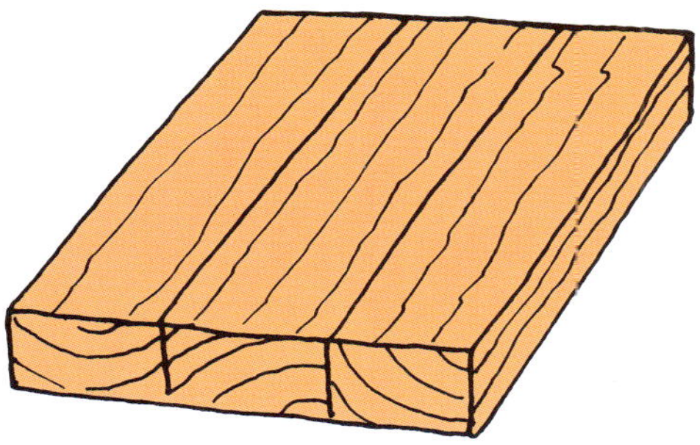

*Richtig*

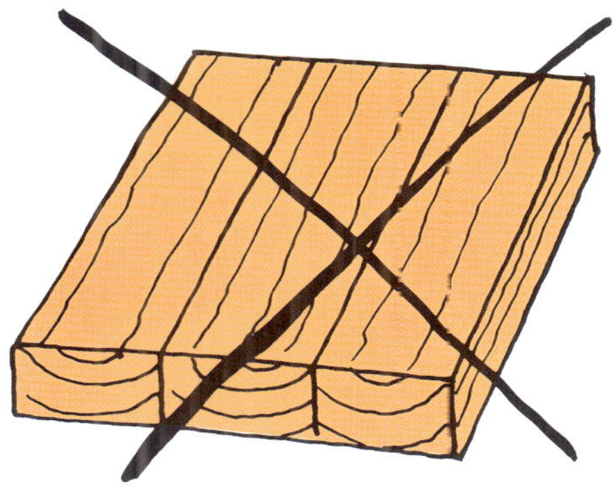

*Falsch*

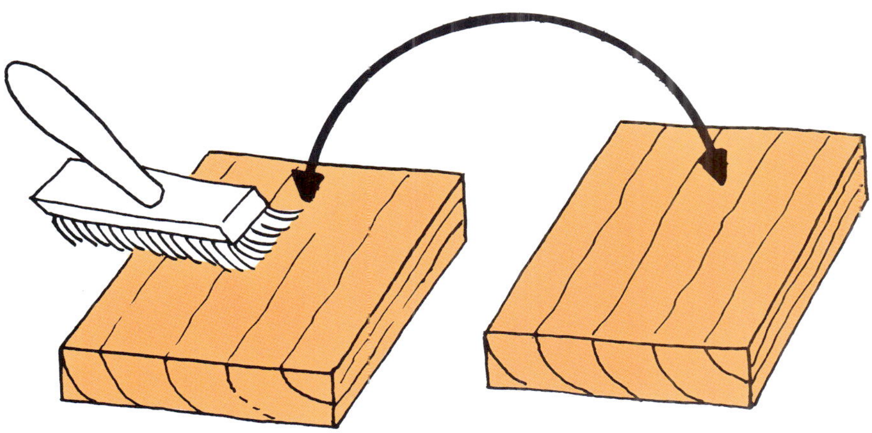

*Bestreichen der Flächen mit Leim*

*Zusammenpressen der Klebeflächen mit einer Schraubzwinge*

# Farbe

Verwenden Sie die Farbe nicht nur zum Schutz des Materials, sondern beziehen Sie diese als wichtiges Gestaltungselement in die Objekte ein. Form und Farbe stehen in Wechselbeziehung, sie ergänzen einander. Machen Sie sich also ruhig Gedanken darüber, ob nicht die eine oder andere vorgeschlagene Farbe abgewandelt und optisch verändert werden kann.

Arbeiten Sie mit »warmen« Tönen, denn sie entsprechen dem Anliegen und symbolisieren unser Verhältnis zum Objekt.

Vergessen Sie dabei aber nicht, daß Holz an sich eine wunderbare Ausstrahlung besitzt und ein »Zumalen« daher vermieden werden soll. Man sollte Farben differenziert und sehr bewußt anwenden.

Nehmen Sie prinzipiell giftfreie, am besten Acryl- oder wasserverdünnbare Farben.

Versiegelt wird stets mit ebenfalls giftfreiem Klarlack.

# Werkzeuge

Werkzeuge sind immer anwendbar und werden stets benötigt. Beschaffen Sie sich deshalb eine Standardausrüstung.

Die Entwürfe unseres Spielzeuges sind so aufgebaut, daß eine übliche Heimwerkerausrüstung zur Herstellung ausreicht.

Besonders wichtig ist eine stabile Arbeitsfläche. Im allgemeinen reichen die im Fachhandel angebotenen Werkbänke, wobei Sie bedenken sollten, daß klappbare Arbeitsflächen für größere Arbeiten nicht mehr geeignet sind.

Die für uns notwendigen Werkzeuge entnehmen Sie aus den Materiallisten und Zeichnungen.

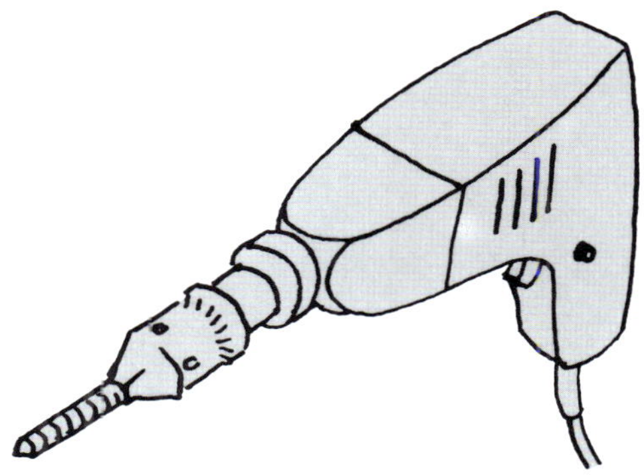

*Elektrische Bohrmaschine*

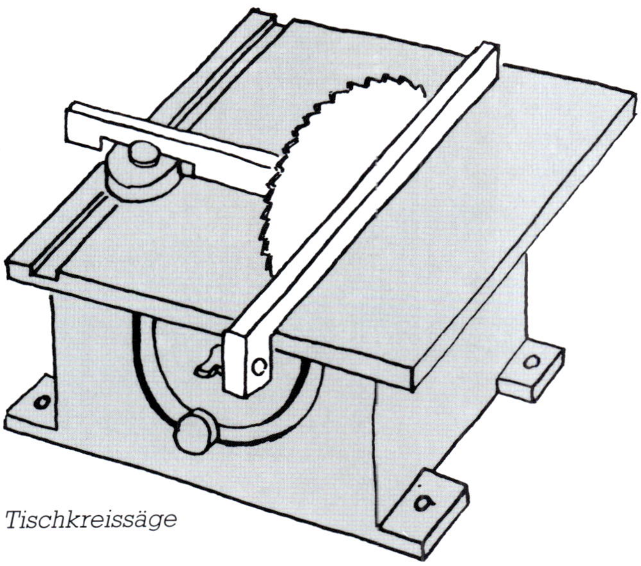

*Tischkreissäge*

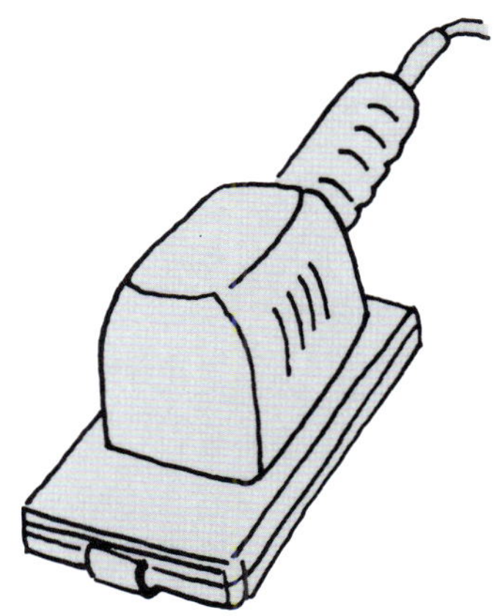

*Elektrischer Schwingschleifer*

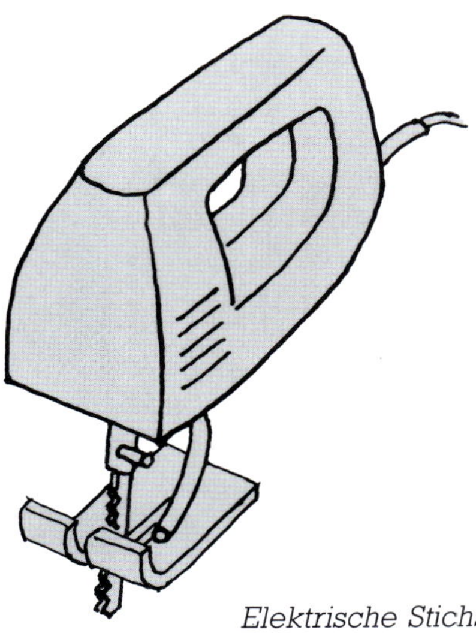

*Elektrische Stichsäge*

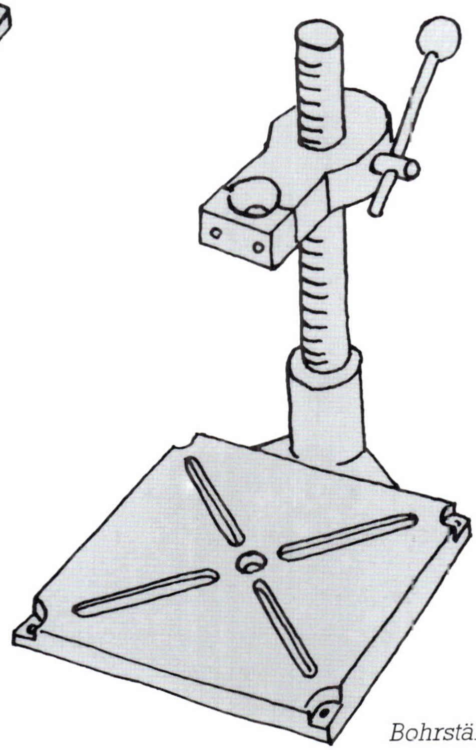

*Bohrständer*

# Material und Werkzeuge

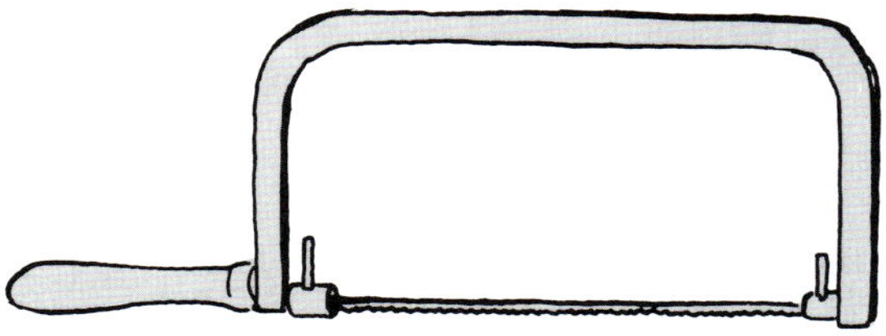

*Laubsäge*

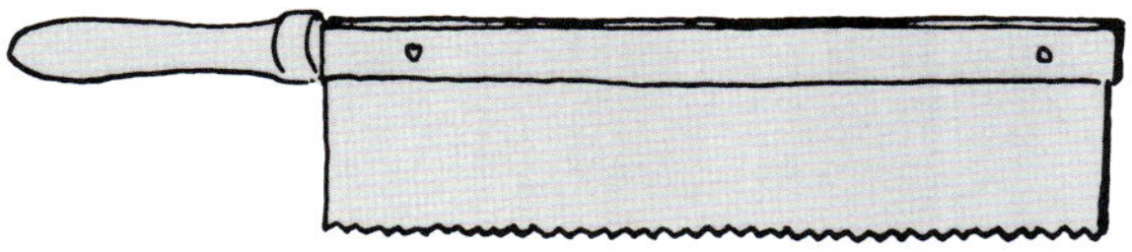

*Feinsäge*

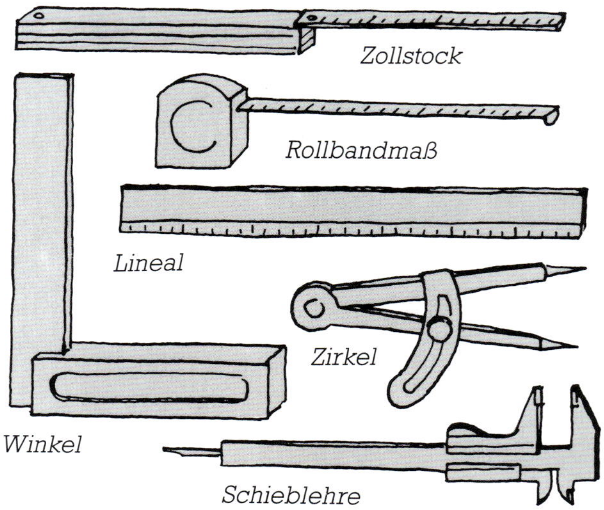


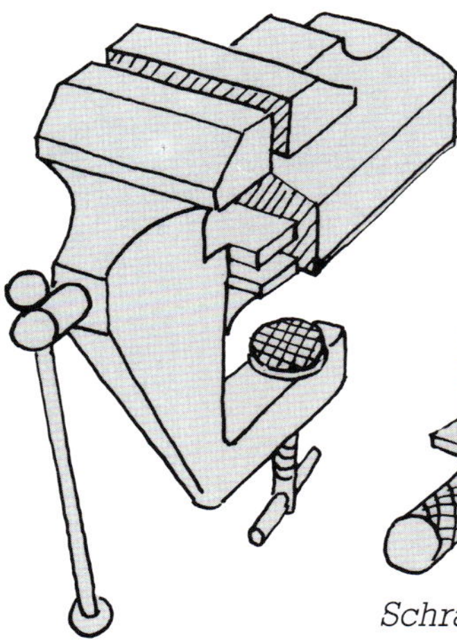

*Schraubstock*

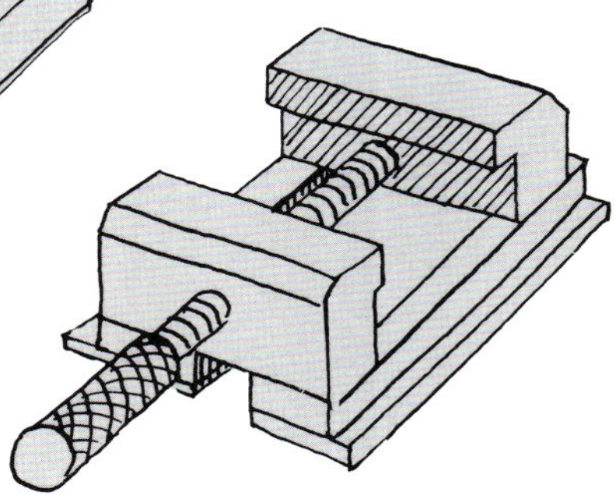

*Schraubzwinge*

*Raspeln und Feilen*

① Flachrundfeile
② Raspel
③ Flachfeile
④ Rundfeile

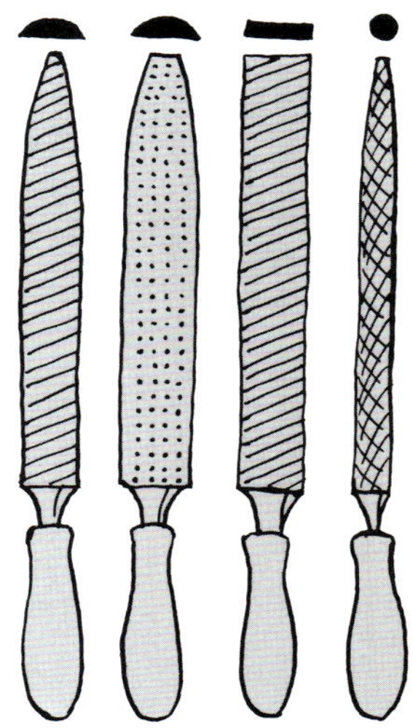


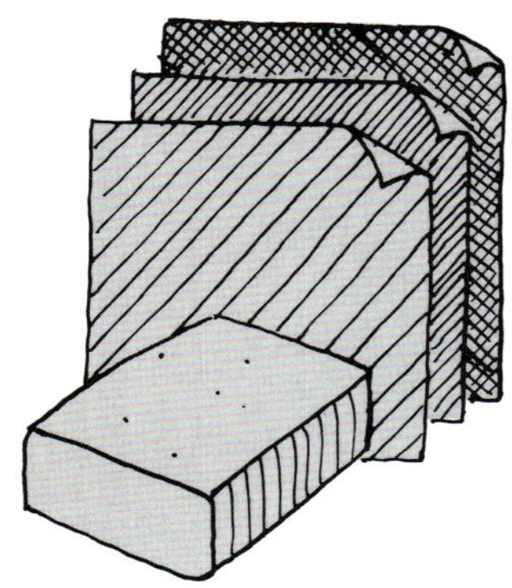

*Schleifkern und Schleifpapier (fein, mittel, grob)*

*Kleinwerkzeuge*

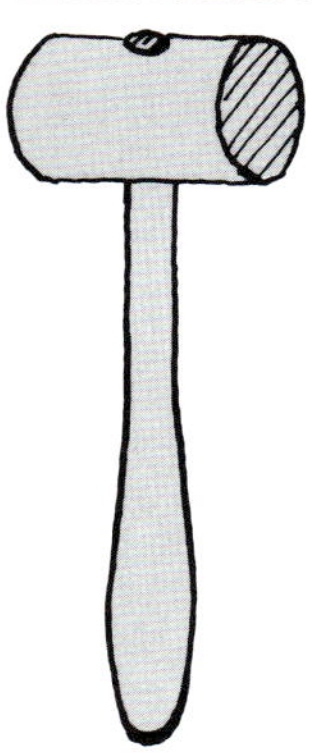

*Holzhammer*

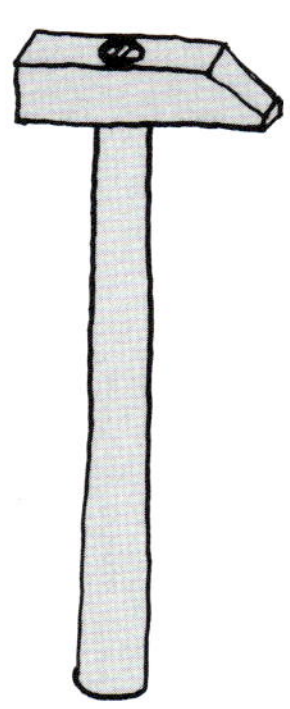

*Hammer 200 g.*

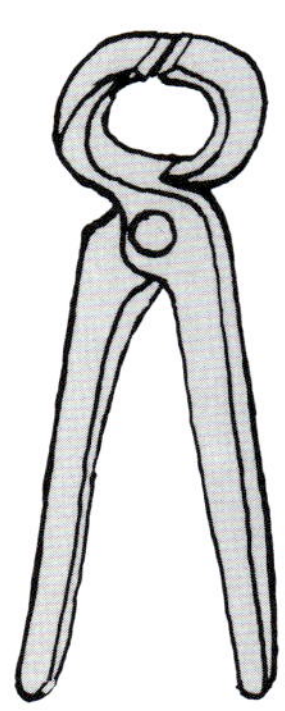

*Zange,*

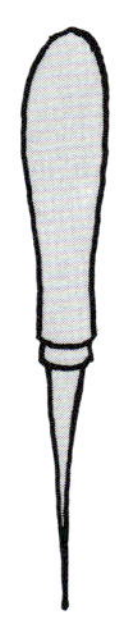

*Spitzdorn*

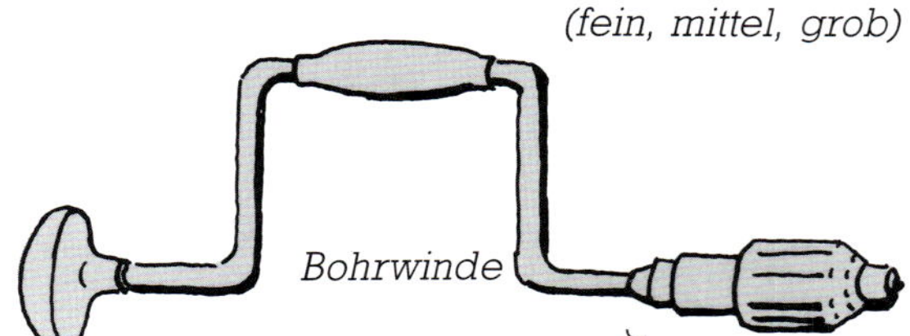

*Bohrwinde*

*Bohrer*

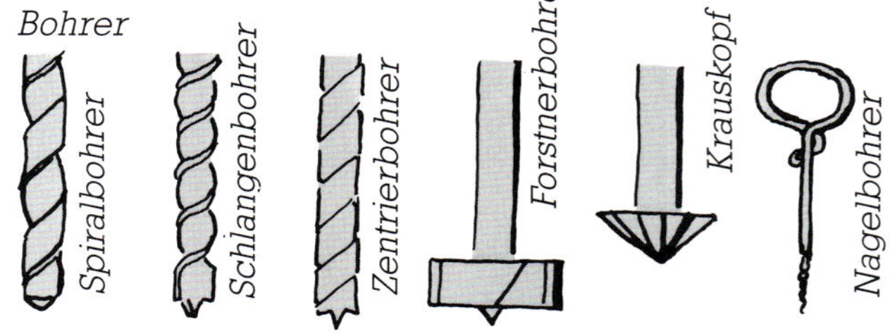

# Funktionsspielzeuge

# Stacheligel

Bei diesem Spielzeug geht es um das bewußte Zuordnen gleicher Formen mit geringer Größendifferenzierung. Die unterschiedliche Farbgebung der Zuordnungselemente erhöht die Koordinationsschwierigkeit. Das ist ein Training für Auge und Tastsinn.

| **Material** | Zuschnitt |
|---|---|
| Kiefernholz | 200 mm x 100 mm x 30 mm |
| Rundstab Buche | 200 mm x ø 24 mm |
| Rundstab Buche | 200 mm x ø 20 mm |
| Rundstab Buche | 200 mm x ø 16 mm |
| Rundstab Buche | 200 mm x ø 6 mm / ø 4 mm |
| Leim, Farbe, Lack<br>Strick (Wäscheleine) | <br>3 mm ø, 100 cm lang |

## Werkzeug

Elektrische Tischsäge, Sägeblatt ø 150 mm
Laubsäge oder elektrische Dekupiersäge
Elektrische Bohrer, Bohrständer
Bohreinsätze ø 8 mm, 4 mm, 6 mm
Forstnerbohreinsätze ø 25 mm, 21 mm, 17 mm
Zirkel, Lineal, Bleistift, Pinsel, Radiergummi, Schleifpapier.

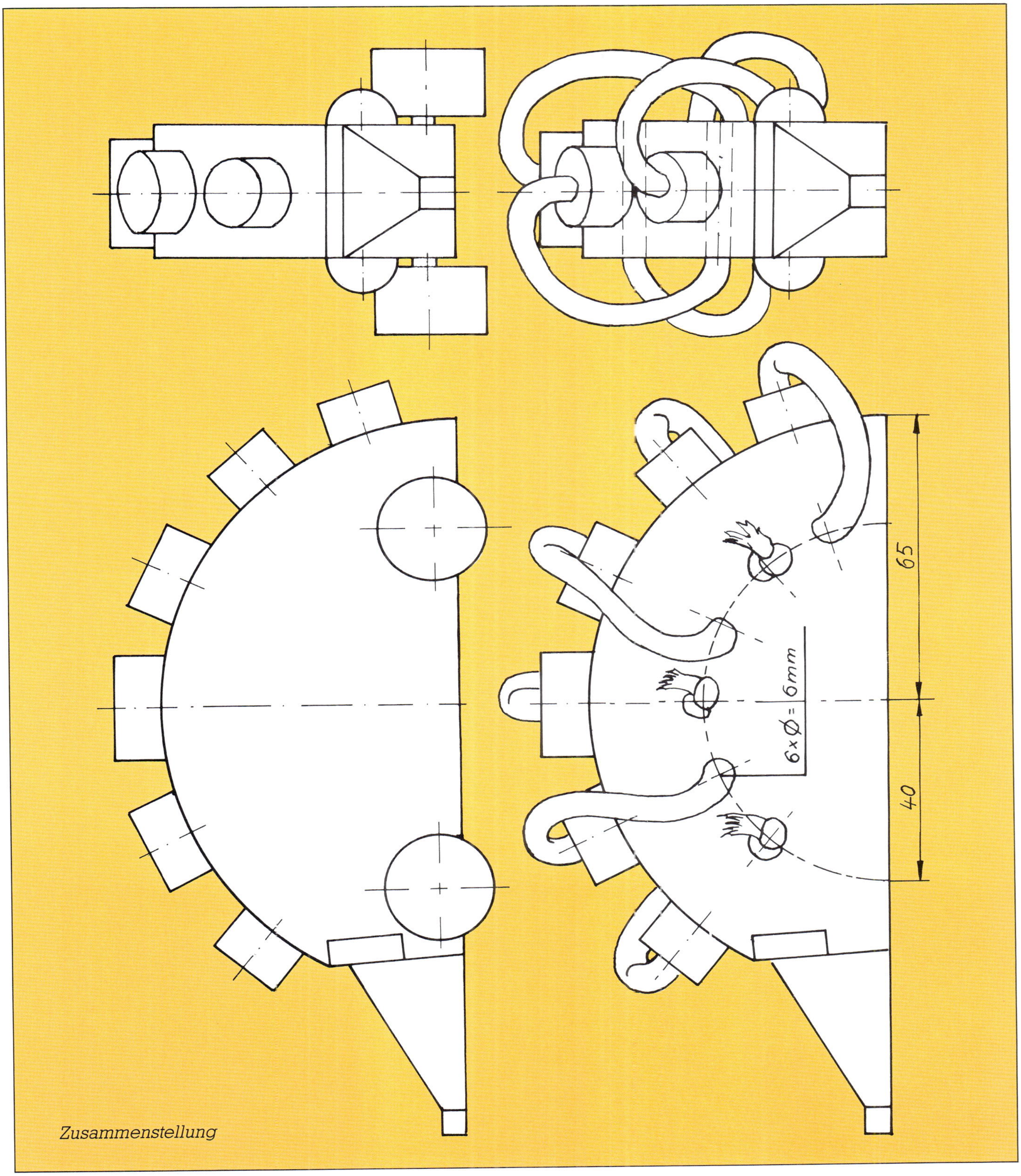


*Zusammenstellung*

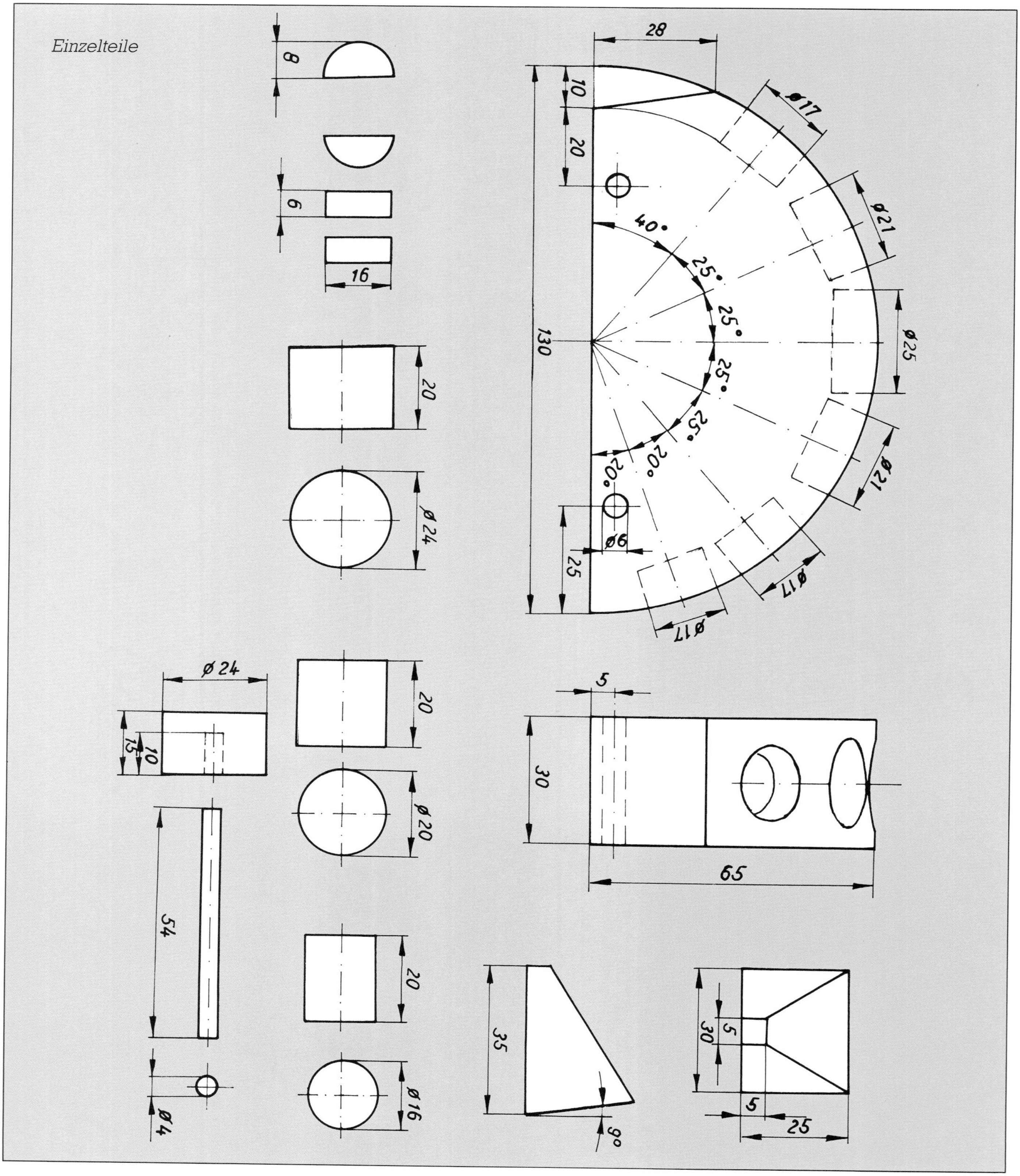
Einzelteile
8
9
16
20
ø 24
28
10
20
ø17
ø21
40°
25°
25°
25°
25°
20°
20°
ø25
130
ø6
25
ø17
ø21
ø17
ø 24
13
10
20
ø 20
5
30
65
54
ø4
20
ø16
35
9°
30
5
5
25

## Sägen des Körpers

Markieren Sie auf dem Zuschnitt 200 x 100 x 30 mm mit dem Zirkel einen Halbkreis, dessen Radius 65 mm beträgt. Mit Hilfe der elektrischen Dekupiersäge oder mit der Laubsäge wird entlang der Markierungslinie gesägt. Der Halbkreis wird entsprechend der Vorgabe an einer der beiden Seiten mit einem vorher markierten Sägeschnitt versehen. Verwenden Sie dazu die Tischkreissäge; sie garantiert eine völlig gerade Linienführung. Auf der Unterkante des Abfallteils des Zuschnittes (200 x 100 x 30 mm) wird das „Kopftrapez" eingezeichnet. Dabei auf den Verlauf der Maserung achten. Mit der Tischkreissäge aussägen. Auch die in Richtung der „Nase" verlaufende Spitze mit der Tischkreissäge herausarbeiten.

Achtung: Sehr vorsichtig sägen, denn es besteht Verletzungsgefahr! Alle Teile sollte man mit Schleifpapier gut glätten, die Kanten leicht brechen.

Die Teile werden in das „Fertigteilbehältnis" abgelegt. Verleimen Sie den Kopf mit dem Körper. Die Klebeflächen müssen ringsum bündig sein. Sparsam mit dem Kleber umgehen. Man sollte den ausquellenden Leim gründlich entfernen, weil es sich hier um eine Sichtfläche handelt.

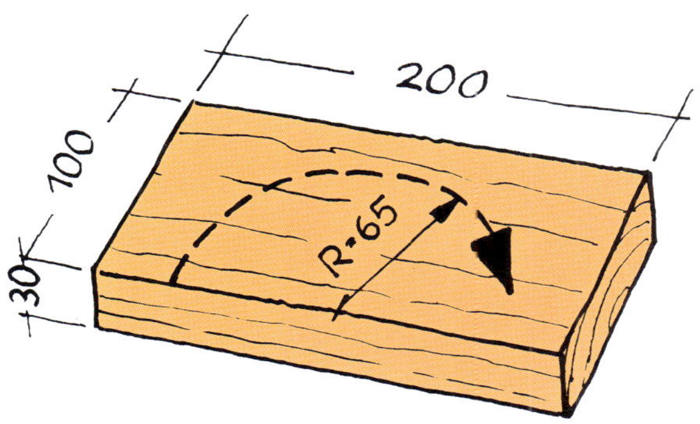


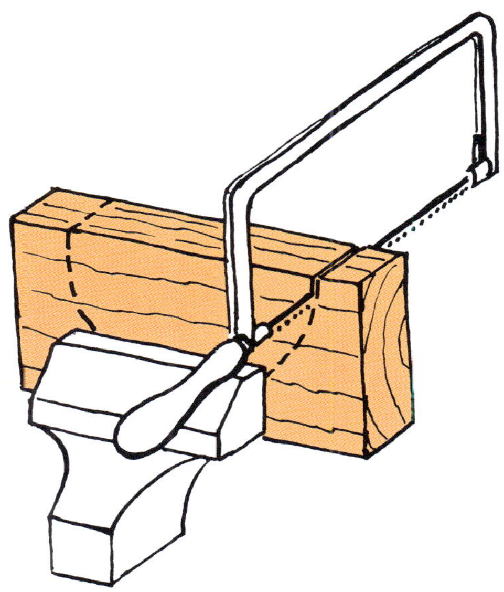

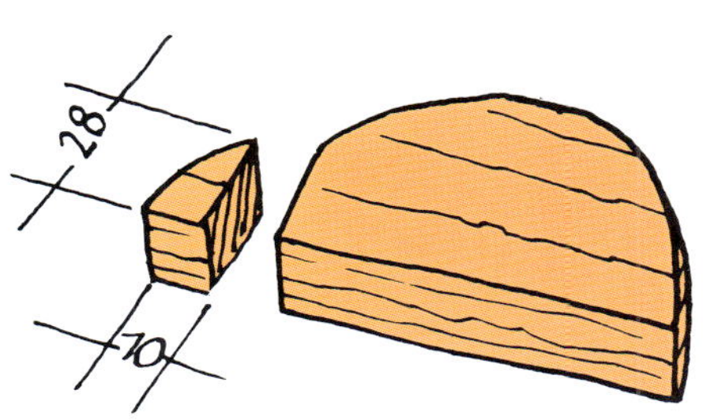


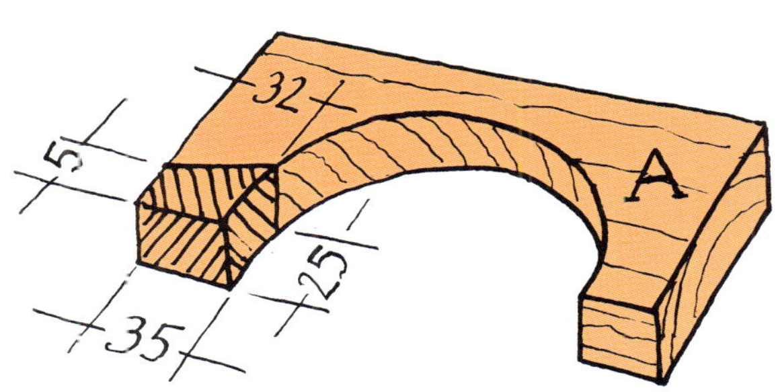

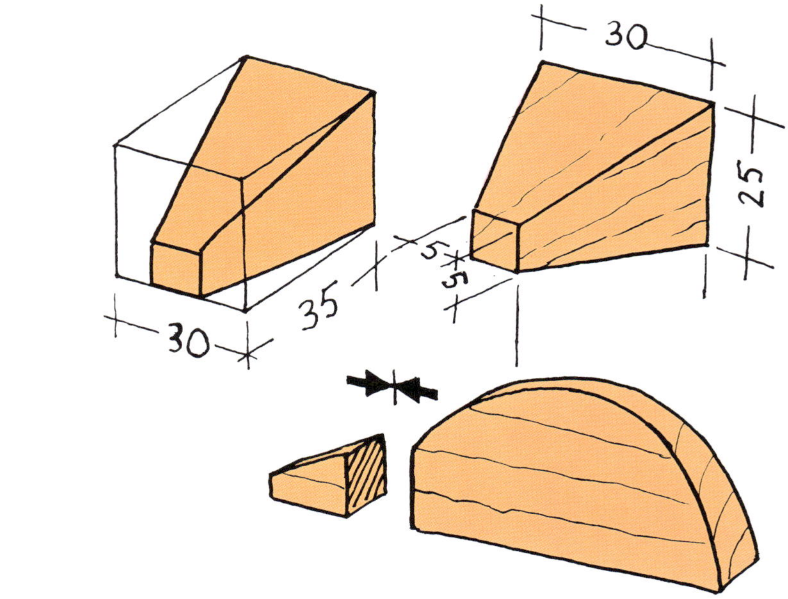


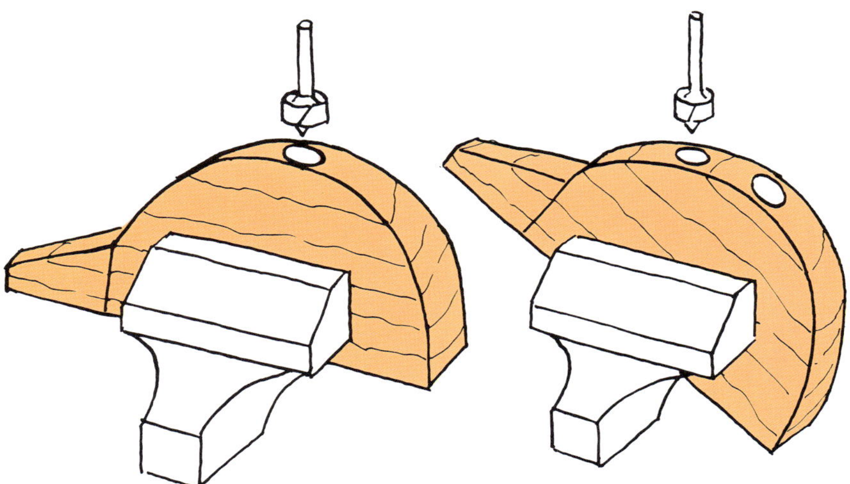

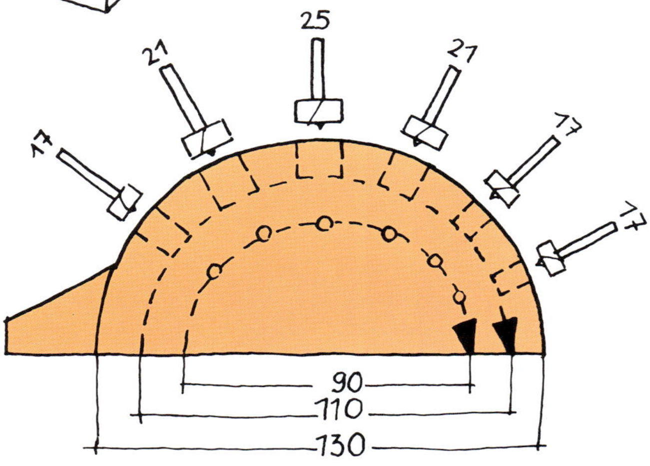


## Ausbohren

Das Ausbohren der Sacklöcher für die „Stachelstöpsel" sollte vorher an einem Abfallstück geübt werden. Entscheidend für die Qualität ist die Beherrschung des technischen Fertigungsablaufes.

Das zu bohrende Teil muß stets senkrecht zum Bohrverlauf stehen. Das heißt, für jedes Loch muß die Lage des Bohrteils verändert werden. Mit Hilfe der Einspannvorrichtung ist das gut möglich.

Zeichnen Sie mit dem Bleistift Striche strahlenförmig vom Zirkeleinstechpunkt in richtung des Mittelpunktes der Bohrlöcher.
So kann man sehen, ob das Teil senkrecht zur Bohrlinie steht. Anschließend müssen die Bleistiftlinien entfernt werden. Achten Sie auf die richtigen Bohreinsätze (1 x 25 ø, 2 x 21 ø, 4 x 17 ø) und die korrekte Tiefeneinstellung.

## Sägen der Räder, Stacheln, Achsen

Die beiden Achsen für die Räder werden vom Rundstab (ø 4 mm) getrennt. Ihre Länge beträgt 54 mm.

Räder und Steckteile schneiden Sie mit der Tischkreissäge auf die angegebenen Längen.

Alle Rundteile gut entgraten, die Kanten leicht brechen, Unebenheiten verschleifen. Die Teile werden abgelegt.

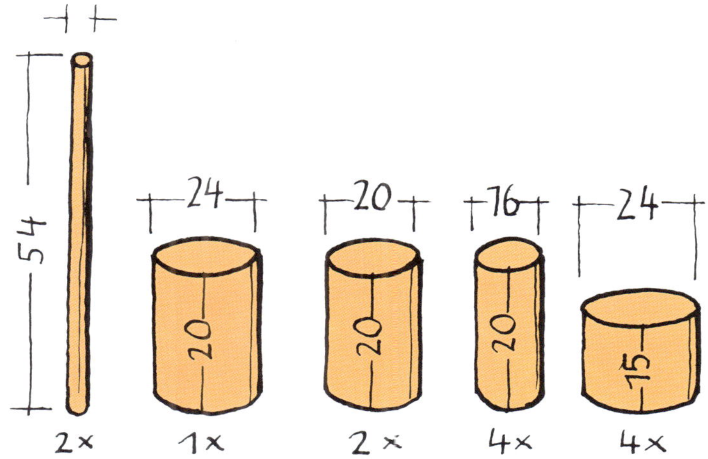


## Bohren

Die sieben „Stachelstöpsel" (1 x 24, 2 x 20, 4 x 16 mm ø) werden beim Bohrvorgang eingespannt. Markieren Sie den Zentrierpunkt und bohren mit dem 4 mm dicken Einsatz glatt durch. Anschließend mit dem 8 mm-Einsatz 6 mm tief aufbohren.

In die vier Räder (15 x 24 mm) werden mit dem 4 mm Einsatz 10 mm tief „Sacklöcher" gebohrt.

Es fehlen noch die Achsführungslöcher. Entsprechend der Zusammenstellzeichnung muß man die beiden Löcher mit dem 6 mm Einsatz glatt durchbohren. Ebenso verfahren Sie mit den sechs Bohrungen für die Haltefäden.

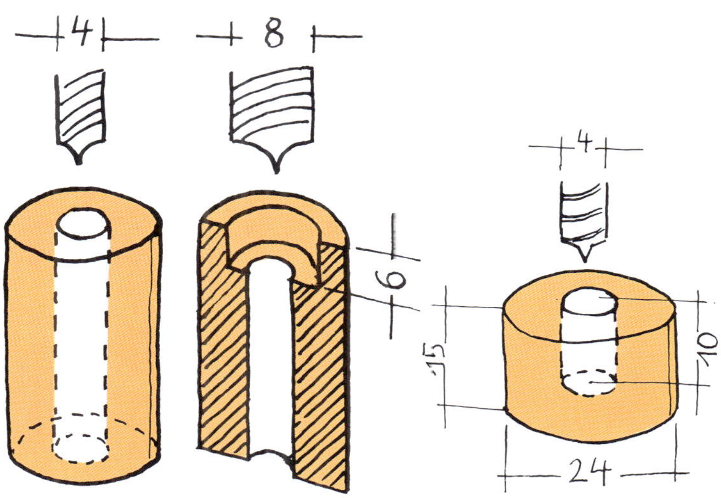


## Ohren, Schnauze

Vom Rundstab (ø 16 mm) sägen Sie nun ein ca. 20 mm langes Stück. Es wird längs halbiert. Vorsicht beim Sägen!

Von einer der beiden Hälfte zwei Stücke je 6 mm breit abtrennen! Die so entstandenen Ohren muß man entgraten und entsprechend der Vorgabe gut verkleben.

Für die Nase trennen Sie vom Rundstab mit 6 mm Durchmesser ein 8 mm langes Stück ab. Eine Schnittseite entgraten, die andere mit gröberem Schleifpapier etwas abrunden. Danach glätten.

Verkleben Sie die Nase gut mit dem „Rüssel".

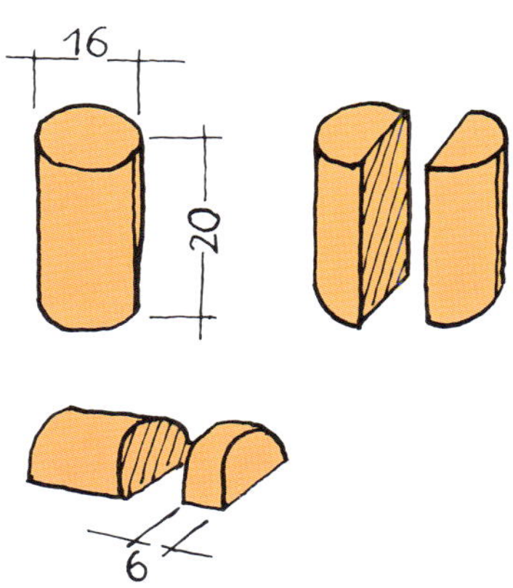

## Bemalen

Betrachen Sie die vorgegebenen Farben lediglich als Vorschlag. Innovatives Denken ist gefragt und vom Autoren gewünscht. Bedenken Sie stets: Form und Farbe ergänzen sich; das Bemalen erfolgt vor der Montage. Verwenden Sie am besten wasserverdünnbare Dekorfarben, denn sie sind in nahezu allen Abtönungen zu haben.

Vergessen Sie nicht den abschließenden Lacküberzug.

## Montage

Von dem Strick werden sieben Stücke mit ca. 150 mm Länge abgetrennt. Einseitig mit einem stabilen Knoten versehen und durchziehen.

Den Strick so in die Stöpsel einführen, daß der Knoten im Senkloch zum liegen kommt. Das knotenlose Ende durch das entsprechende Führungsloch des Körpers stecken und ebenfalls mit einem stabilen Knoten versehen. Knoten Sie die Stricke abwechselnd, einmal links, einmal rechts am Körper.

Achtung: auf die richtige Position der Stöpsel achten.

Die zwei Räder werden auf die Achsen geleimt. Nach dem Abbinden stecken Sie die Achsen durch die Führungslöcher des Körpers und leimen die beiden anderen Räder auf.

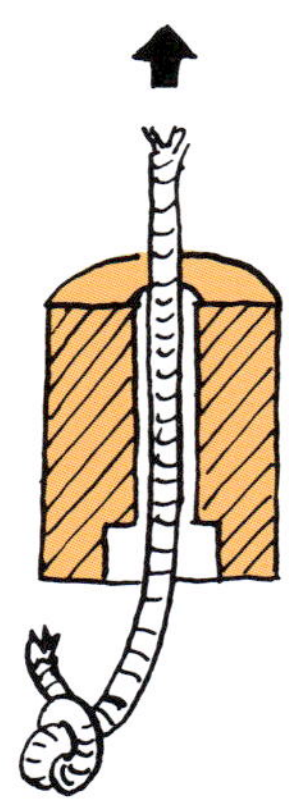

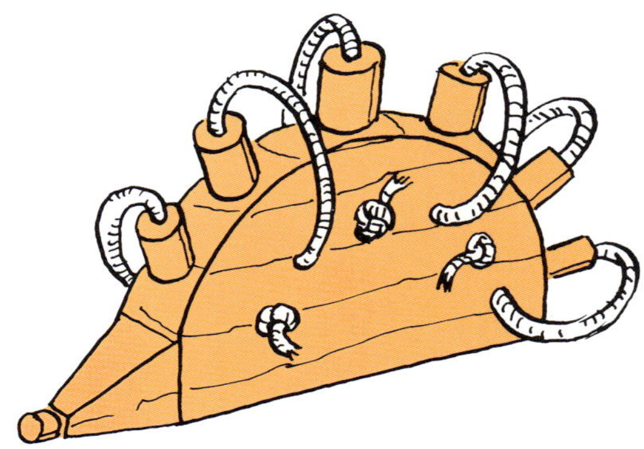

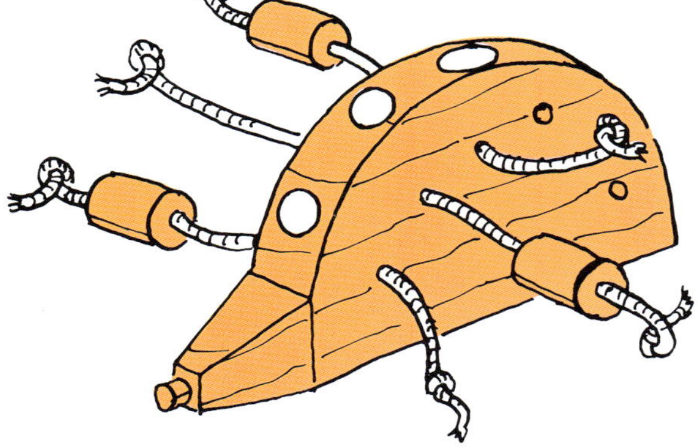

# Schildkröte „Schildy"

Greifspielzeuge sind Funktionsspielzeuge. Durch ständiges Wiederholen von gleichartigen Bewegungsabläufen werden motorische Vollzüge geübt. Die Feinsteuerung der Handmuskeln wird erworben. Ebenso werden Erfahrungen im Umgang mit dem Material gemacht.

## Material

| | zugeschnitten |
|---|---|
| Astfreies Kiefernholz | 200 mm x 30 mm x 25 mm |
| Astfreies Kiefernholz | 200 mm x 20 mm x 15 mm |
| Astfreies Kiefernholz | 250 mm x 80 mm x 10 mm |
| Rundstab, Buche | 100 mm x 25 mm ø |
| Rundstab, Buche | 500 mm x 4 mm ø |
| Holzkugel | 2 x 10 mm ø |

Ungiftige Acryl- oder Lackfarben, ungiftiger Klarlack, Leim PVAC.

## Werkzeug

Bleistift, Zeichenkarton, Zirkel, Schere, Pinsel, feines Schleifpapier, Stahllineal, Reißstift (Spitzdorn), Schraubstock, Schraubzwinge, Spannzwinge.
Laub- oder elektrische Stichsäge, Zugsäge.
Hand- oder elektrischer Bohrer, Spiralbohrereinsätze 6 mm, 4 mm
Holzraspel, Holzfeile.

*Zusammenstellung*

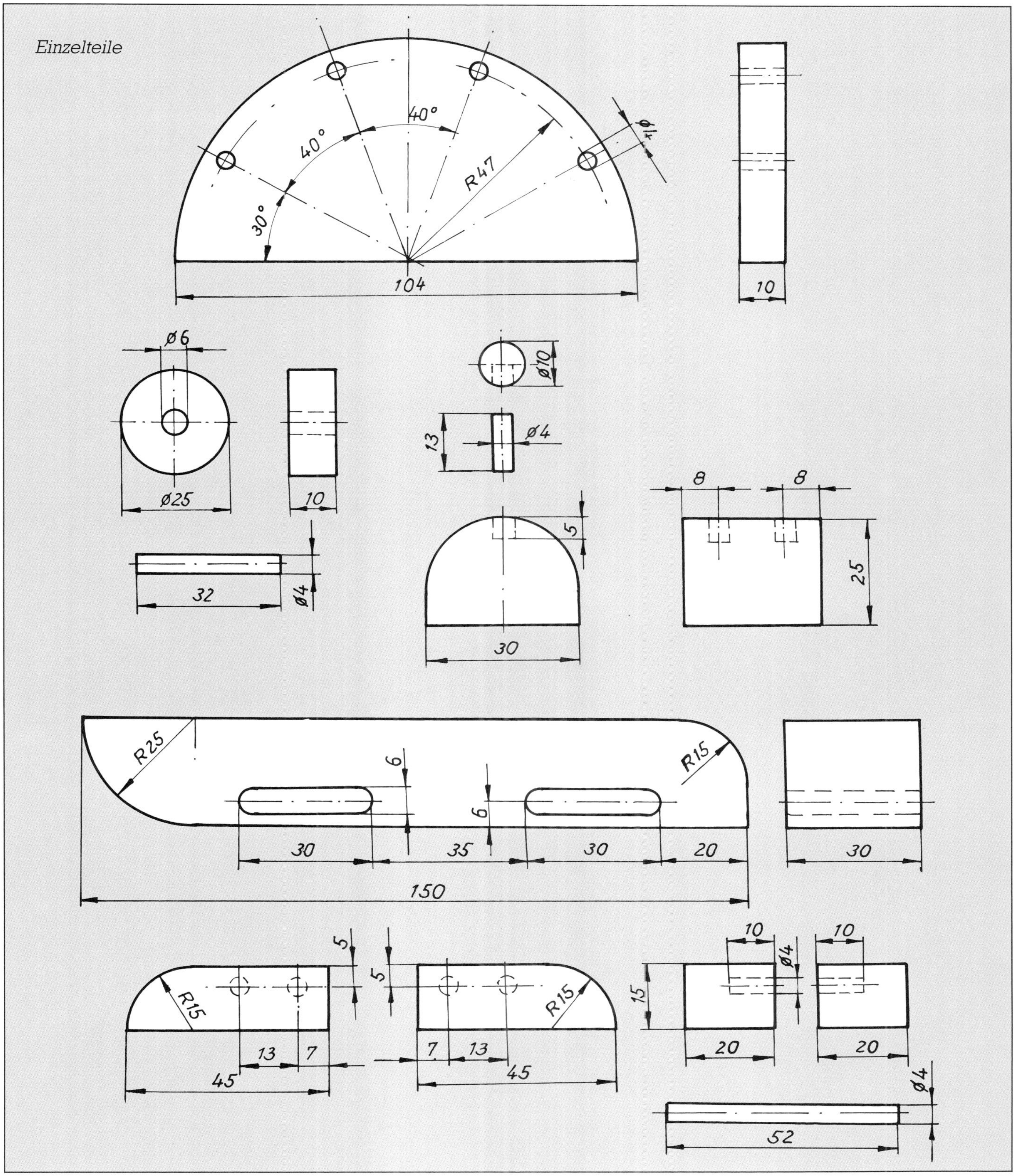
Einzelteile
40°
40°
30°
R47
Ø4
104
10
Ø6
Ø25
10
Ø10
13
Ø4
32
Ø4
5
30
8
8
25
R25
6
6
R15
30
35
30
20
150
30
5
R15
13
7
45
5
R15
7
13
45
10
10
Ø4
15
20
20
Ø4
52

## Körper

Schneiden Sie von dem Zuschnitt mit den Maßen 200 x 30 x 25 mm ein Stück von 30 mm Länge ab.

Kleben Sie dieses Stück deckungsgleich auf eine der beiden Schmalseiten. Beachten Sie den Maserungsverlauf. Die verklebten Teile in die Schraubzwinge spannen und den ausquellenden Leim entfernen.

Nach dem Abtrocknen der Teile (ca. 12 Stunden) übertragen Sie mit Hilfe einer inzwischen gefertigten Papierschablone die Rundungen auf das Holzteil. In den Schraubstock einspannen und mit der Zugsäge die markierten Ecken absägen.

Anschließend mit Raspel und Feile die Rundungen herausarbeiten. Für das „Ausfräsen" der beiden Führungsschlitze werden die Schlitzmarkierungen sehr genau auf den Körper übertragen, (Lineal, Bleistift). Dann bohren Sie mit dem 6 mm Bohreinsatz in die jeweils zwei äußeren Markierungsbereiche durchgehende Löcher. Bohren Sie dann so dicht wie möglich Loch an Loch. Damit der Bohrer nicht „läuft", verwendet man einen Bohreinsatz mit scharfen Kanten und Führungsspitze. Setzen Sie die Führungsspitze genau auf eine vorher mit Hilfe einer Reißnadel eingeritzte Mittellinie. Es muß sehr exakt

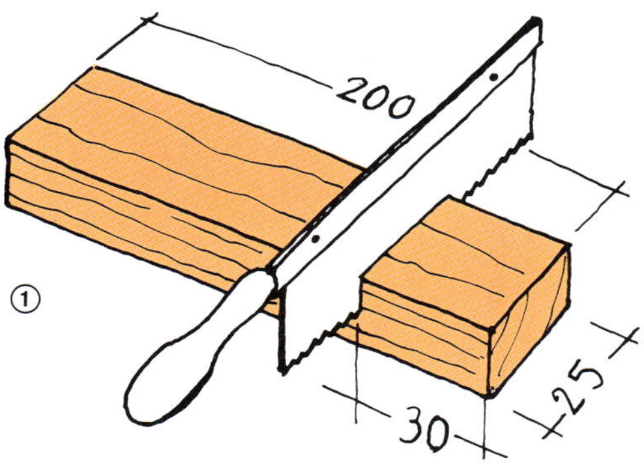

①

②

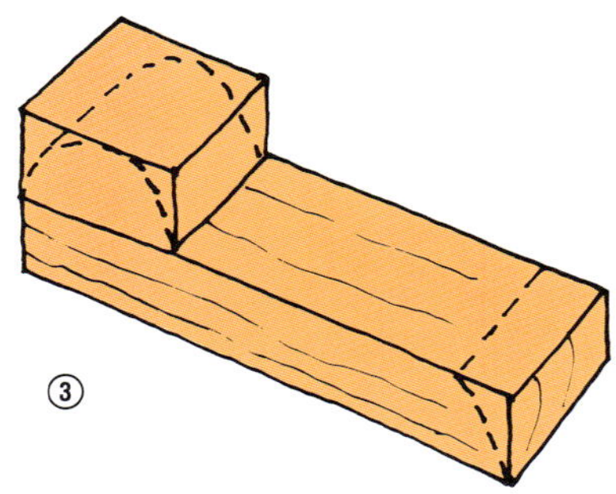
③

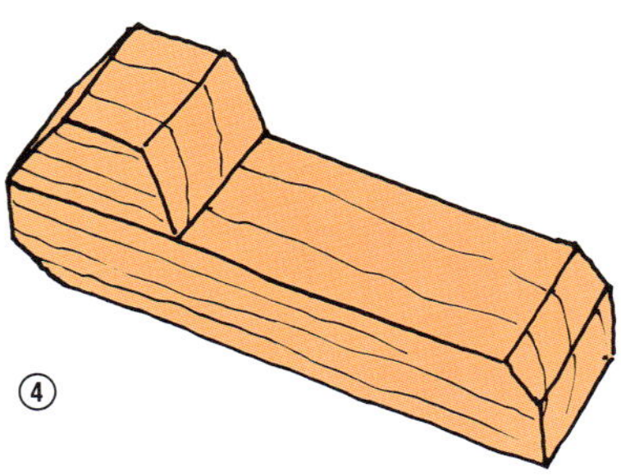
④

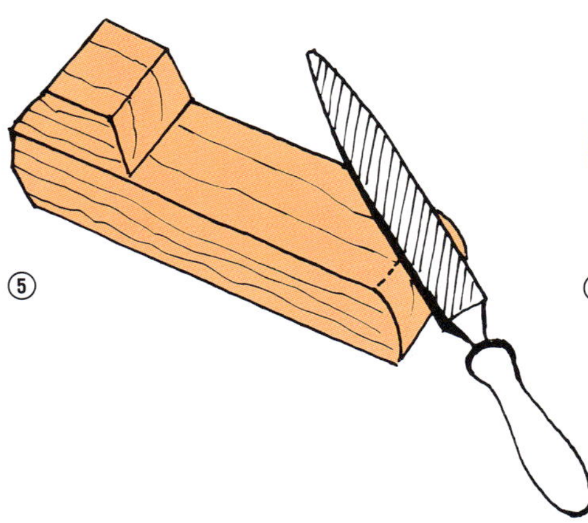
⑤

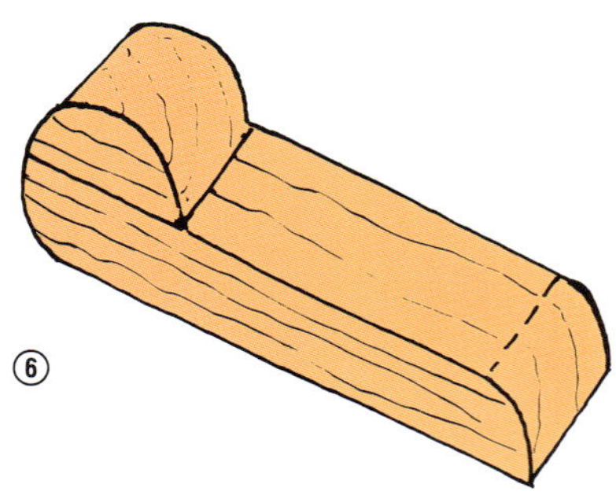
⑥

gearbeitet werden, weil von der Qualität der Arbeit der Bewegungsablauf der Beine abhängt. Spannen Sie den Körper mit dem Kopf nach unten in den Schraubstock und raspeln Sie präzise die stehengebliebenen Bohrränder bis zur Markierung ab. Die Raspel muß waagerecht geführt werden. Mit der Feile wird nachgearbeitet.

Markieren Sie auf dem Kopf die Punkte für die Bohrlöcher der Hörner. Sie benötigen den 4 mm Bohreinsatz. Bohren Sie zwei Sacklöcher ca. 5 mm tief.

Verwenden Sie einen Bohrer mit Zentrierspitze und Stopper. Glätten Sie anschließend den Körper mit Sandpapier und legen ihn in ein Behältnis für fertige Teile.

⑦

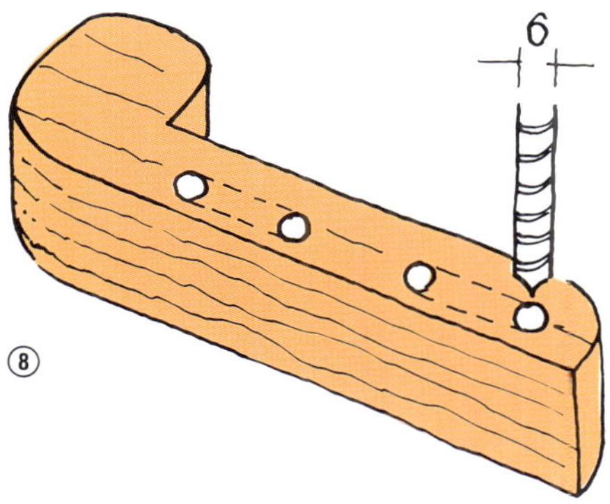

⑧

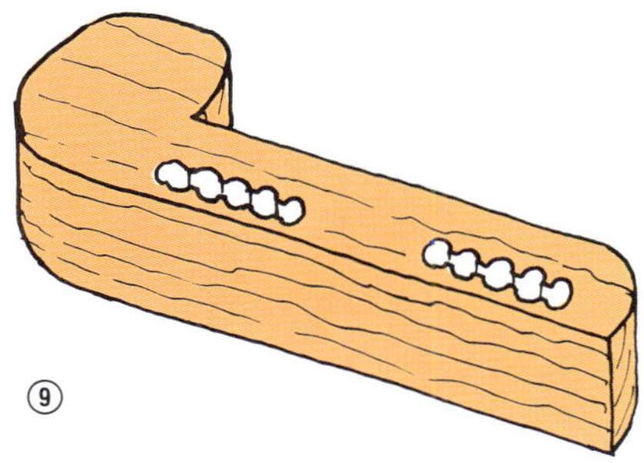
⑨

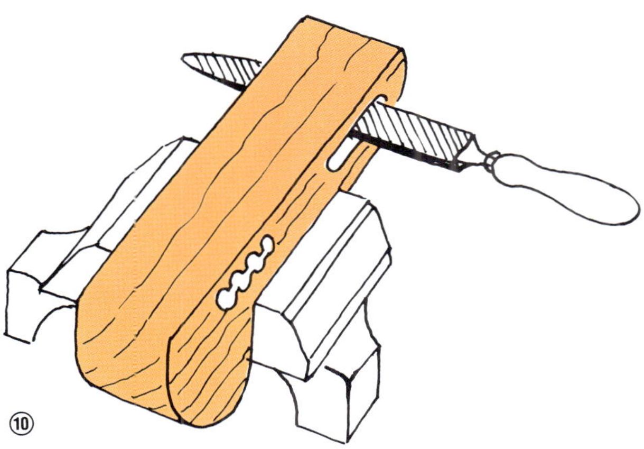
⑩

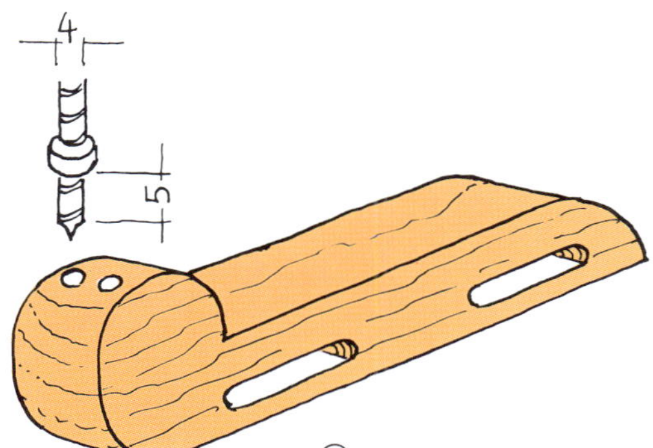

⑪

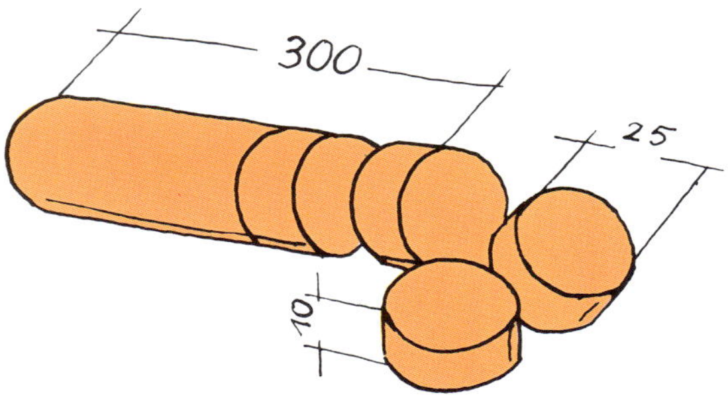


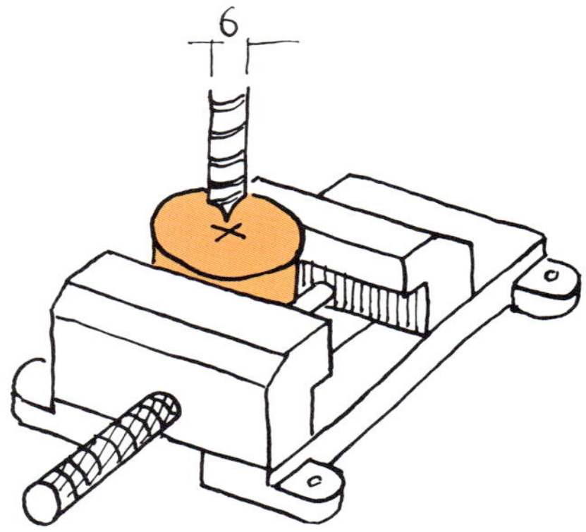


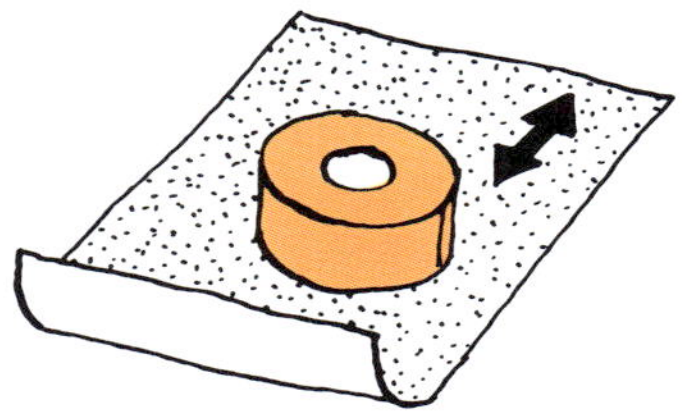

## Rundteile für Panzer

Von dem Rundstab (300 x ø 25 mm) werden vier Scheiben nach dem angegebenen Maß abgeschnitten. Mit dem 6 mm Bohreinsatz bohren Sie mittig jeweils durchgehende Löcher. Haltevorrichtung verwenden!

Das Glätten der Scheiben gelingt am besten, indem die Schnittseiten über das waagerecht liegende Schleifpapier gerieben werden. Die Kanten leicht brechen.

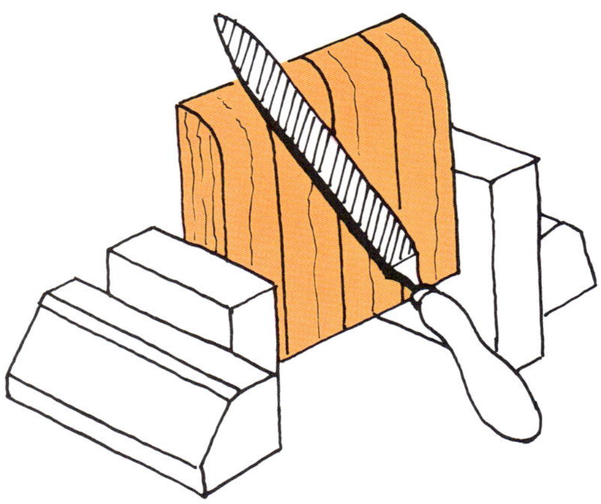

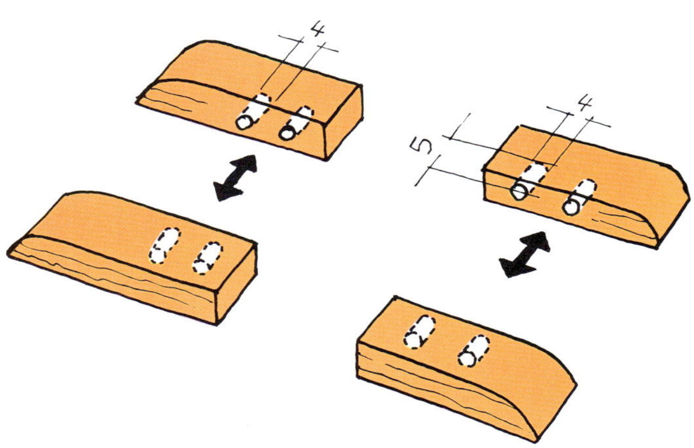


## Beine

Schneiden Sie die Leiste (200 x 20 x 15 mm) in vier vorgegebene gleiche Teile.

Legen Sie diese deckungsgleich mit den Schmalseiten aneinander und spannen Sie den so entstandenen Block in den Schraubstock. Mit der Raspel werden die Teile entsprechend der Vorgabe abgerundet. Markieren Sie die Punkte für die Bohrlöcher.
Die Markierungen müssen jeweils auf der Innenseite erfolgen.
Legen Sie deshalb die Teile so zurecht, wie sie später montiert werden.

Mit dem 4 mm Bohreinsatz muß man 5 mm tiefe Sacklöcher bohren. Die vier Bauteile glätten und ablegen.

## Panzer

Den Zuschnitt (250 x 80 x 10 mm) halbieren. Schlagen Sie mit dem Zirkel auf einem Teil den angegebenen Halbkreis. Dann werden beide Teile übereinander gelegt; achten Sie dabei auf Deckungsgleichheit von mindestens zwei Bezugskanten. Die Teile gegen Verschiebung sichern. Machen Sie sich hierzu die Mühe und nageln Sie mit entsprechenden Stiften die Teile außerhalb der Markierung zusammen.

Kennzeichnen Sie die Bohrungen für die vier Achsen der Drehteile. Die Bohrungen erfolgen mit dem 4 mm-Einsatz. (Teile einspannen!)

Das Aussägen erflogt mit der Laubsäge. Dazu sollte man als Hilfsmittel den Schraubstock benutzen. Das Teil wird so eingespannt, daß die lange Seitenbezugskante nach oben zeigt. Präzise der Markierung folgen.

Die Sägestrecke durch Drehen des Teils stets in die günstigste Position bringen. (Schraubstock lockern, Teil drehen, Schraubstock spannen.)

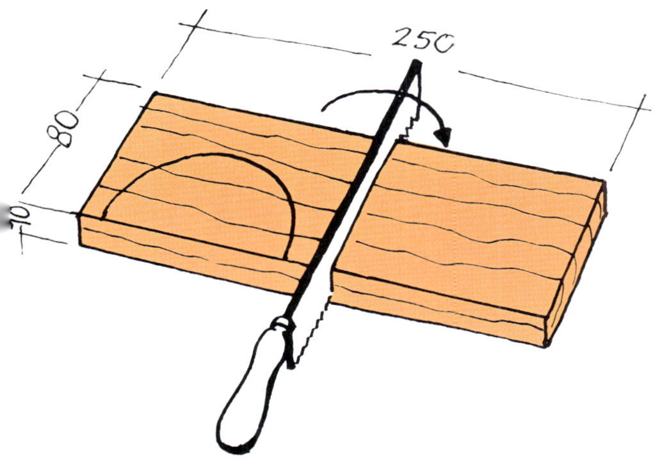


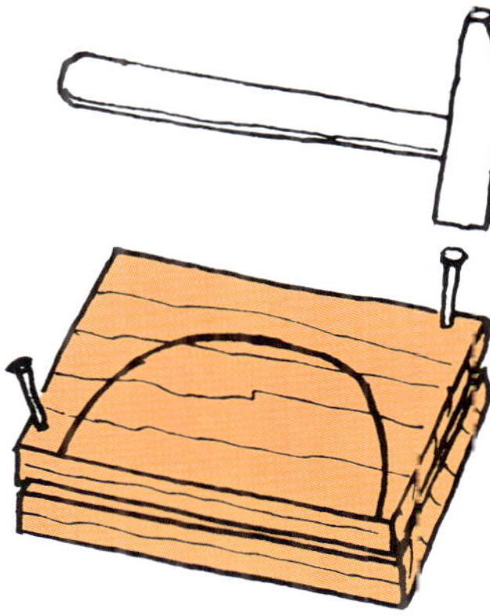

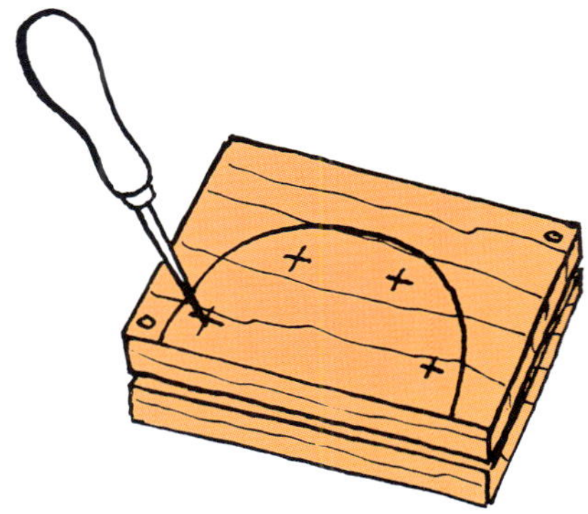

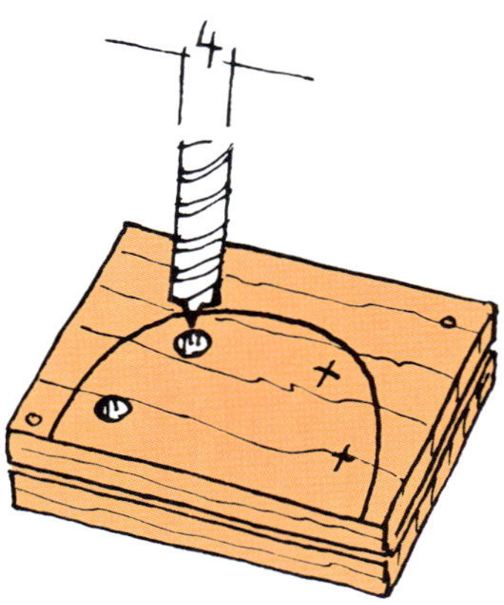


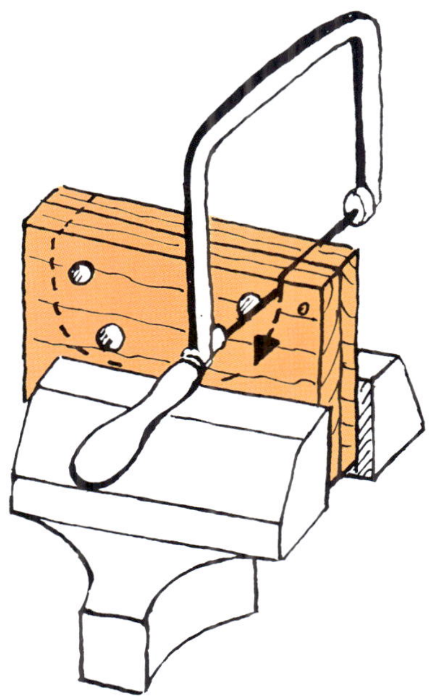

## Achsen

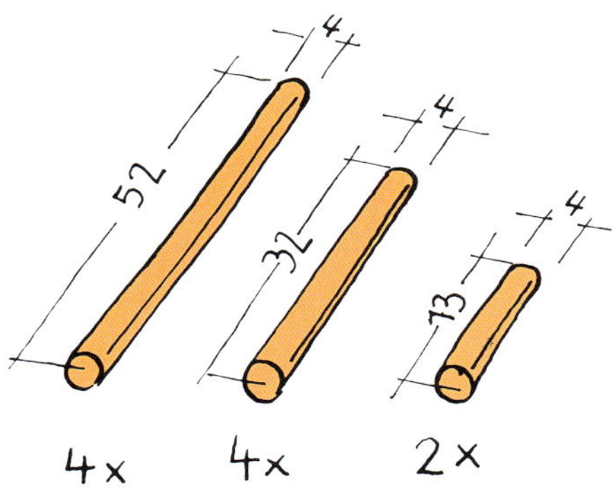


Von den Rundstäben (4 mm ø) werden zunächst je vier Teile 52 mm lang, dann je vier Teile 32 mm lang sowie zwei Teile 13 mm lang abgeschnitten. Alle zehn Teile an beiden Seiten mit Sandpapier entgraten.

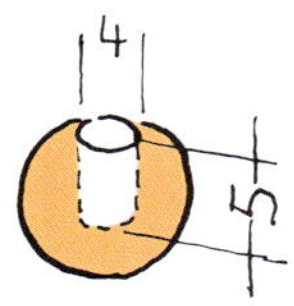


Die beiden Holzkugeln werden mittig mit je einem 5 mm tiefen Sackloch versehen. Sie verwenden den 4 mm-Bohreinsatz. In Ihrem Behältnis für die fertigen Teile müssen 24 Einzelteile liegen. Kontrollieren und montieren Sie alle Teile auf „Probe", wobei die Achsen nur andeutungsweise in die entsprechenden Bohrlöcher gesteckt werden. Wenn keine Mängel festzustellen sind, beginnt das Bemalen.

## Montage

Montieren Sie die Hörner, indem die zwei Achsen (13 mm x ø 4 mm) in die vorgesehenen Bohrungen des Kopfes eingeklebt werden. Darauf jeweils die beiden Holzkugeln kleben.

Den Körper und die vier Beine vor der Montage lackieren. Kleben Sie die vier Achsen (52 mm x ø 4 mm) in die Innenseiten von zwei Beinen, stecken diese durch die Langlochausfräsungen des Körpers und kleben die beiden anderen Beine ein. Quillt Leim aus, muß dieser unbedingt entfernt werden (Wasser, Pinsel).

Die vier Beine müßten sich gut vor- und rückwärts bewegen lassen. Nun kann man die vier Achsen (32 mm x ø 4 mm) in die Innenlöcher des Panzers kleben. Leim entfernen.

Die vier Scheiben aufstecken. Die Achsen in die Löcher der analogen Panzerhälfte einleimen. Die Achsen sollten außen „bündig" sein. Etwas mit Sandpapier verschleifen und glätten.

Kleben Sie nun einfach den Panzer mittig auf den Körper.
Die Schildkröte kann nach einer zehnstündigen „Erholungspause" ihre ersten Gehversuche machen.

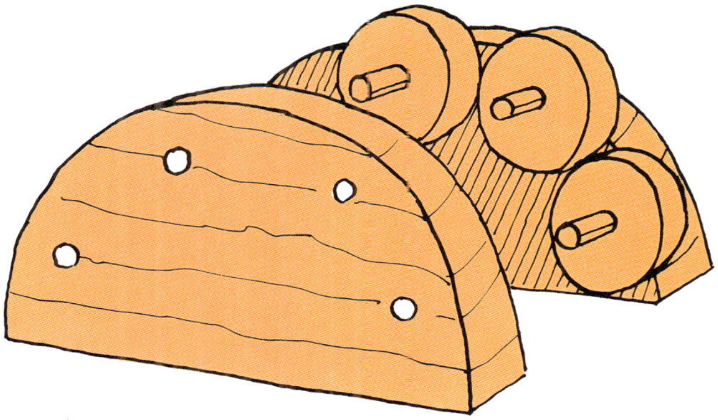

# Spielbahn

Altersbezogene „Eisenbahn"
Durch richtiges Stecken und Zuordnen unterschiedlicher Teile, Größen und Farben wird Tasten und Sehen beansprucht.

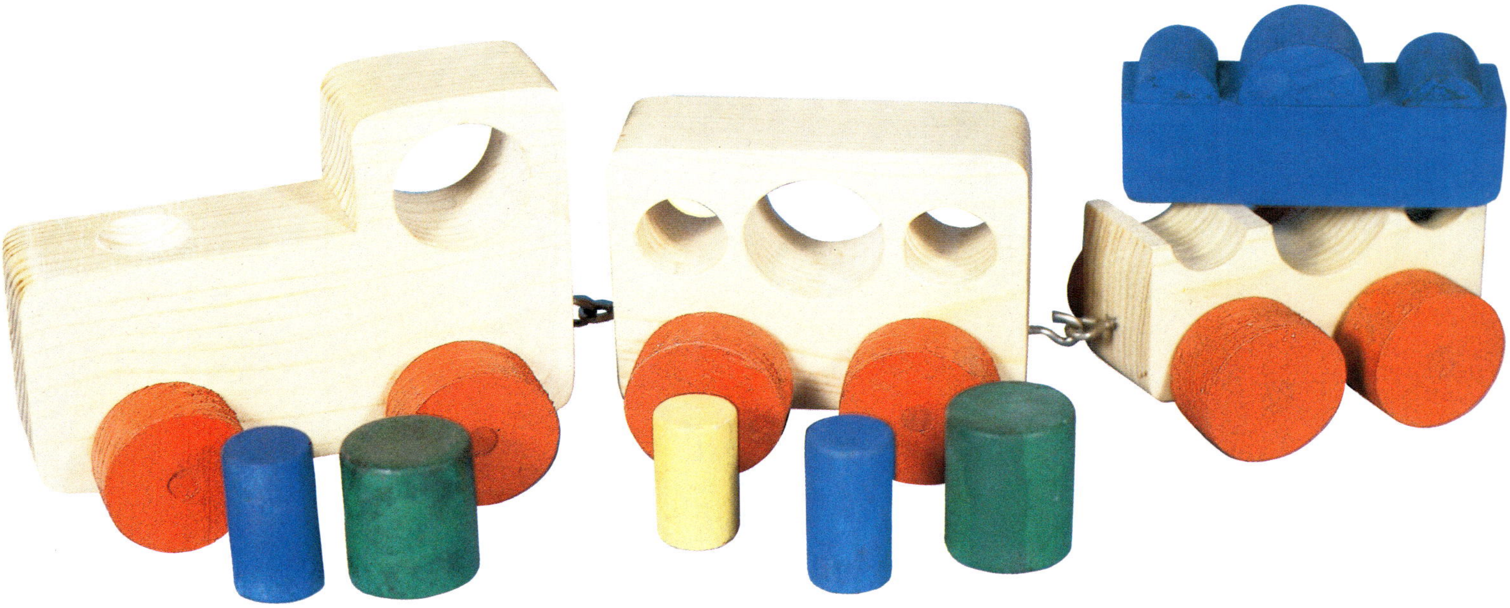

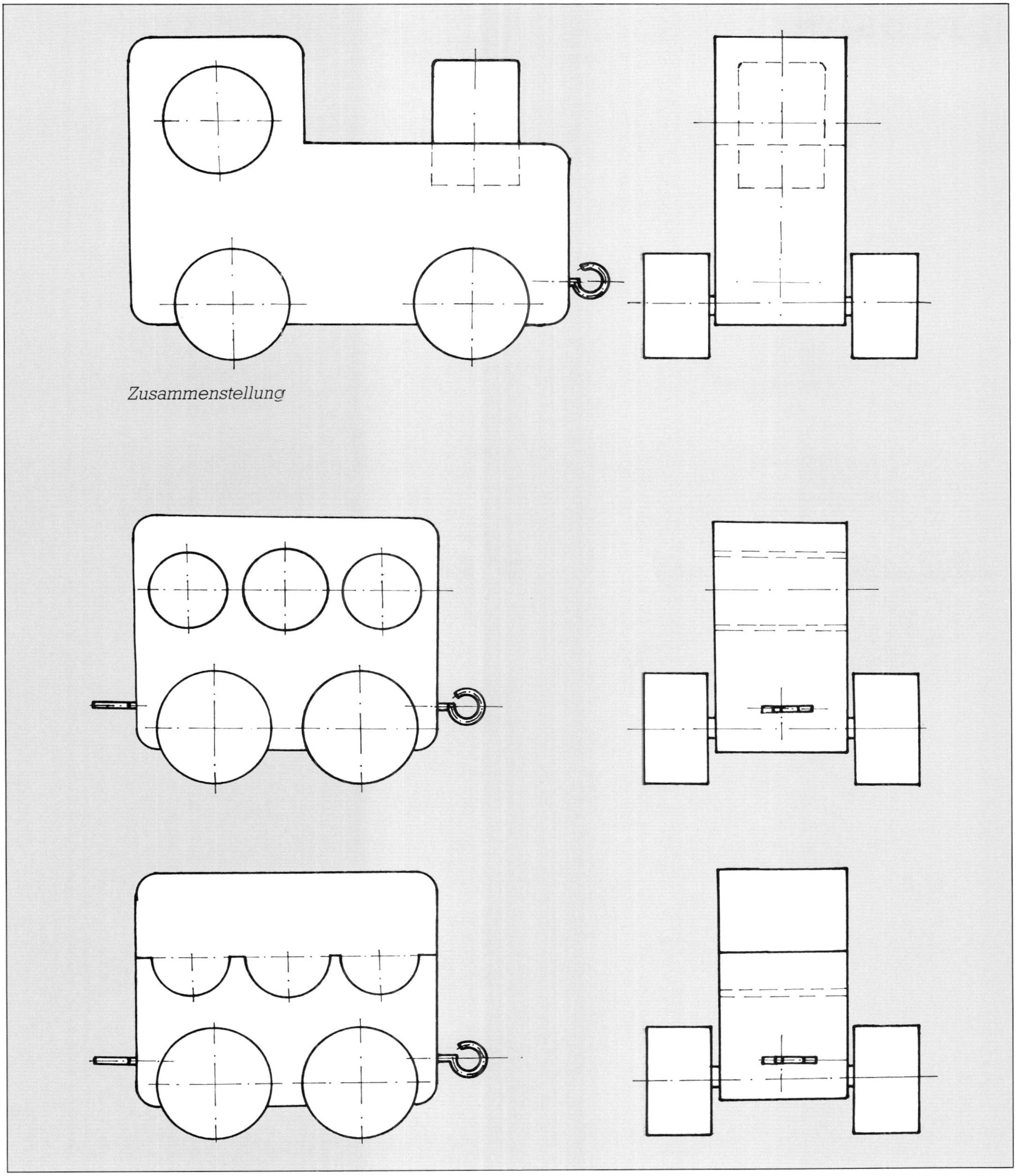

*Zusammenstellung*

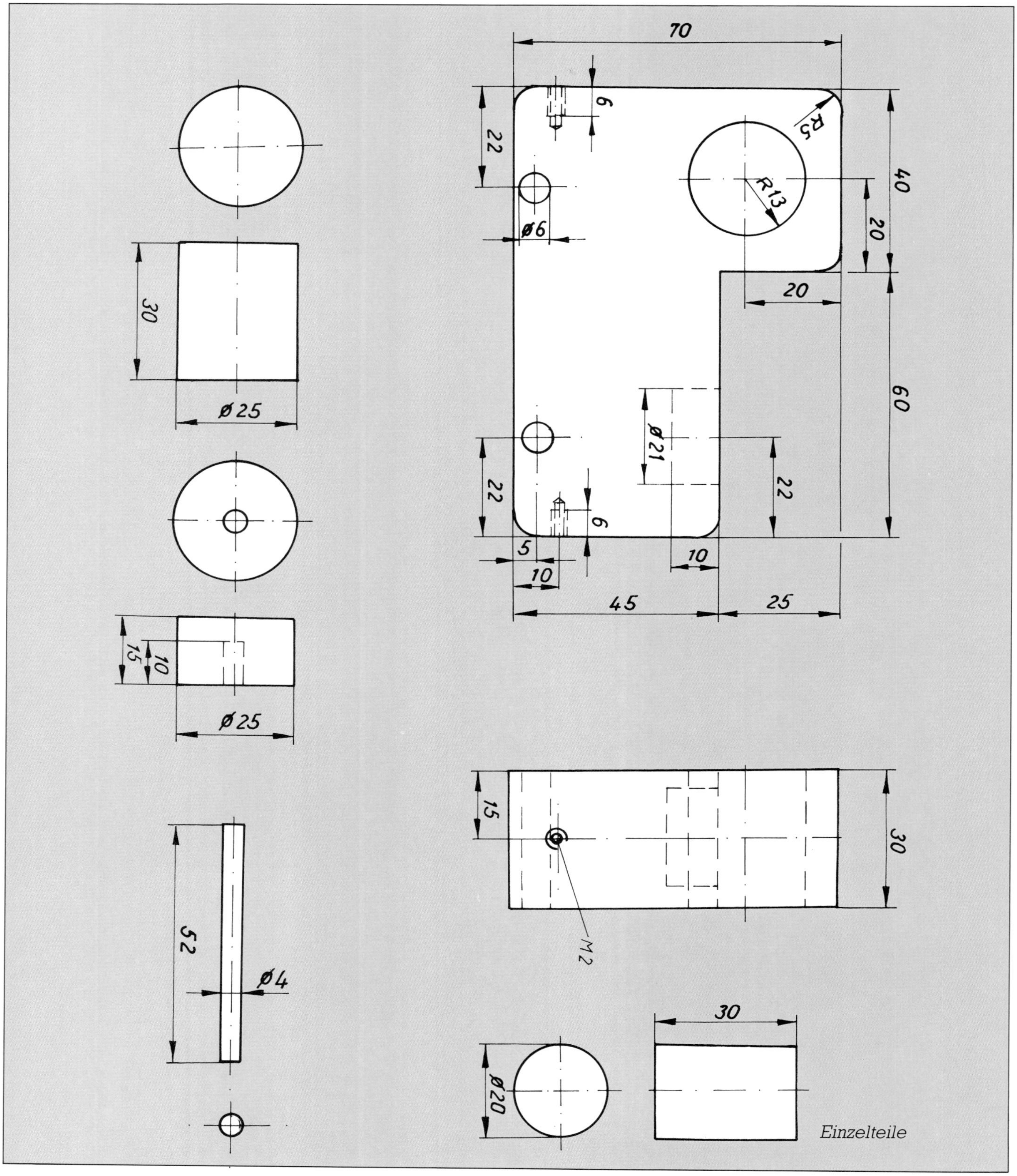


*Einzelteile*

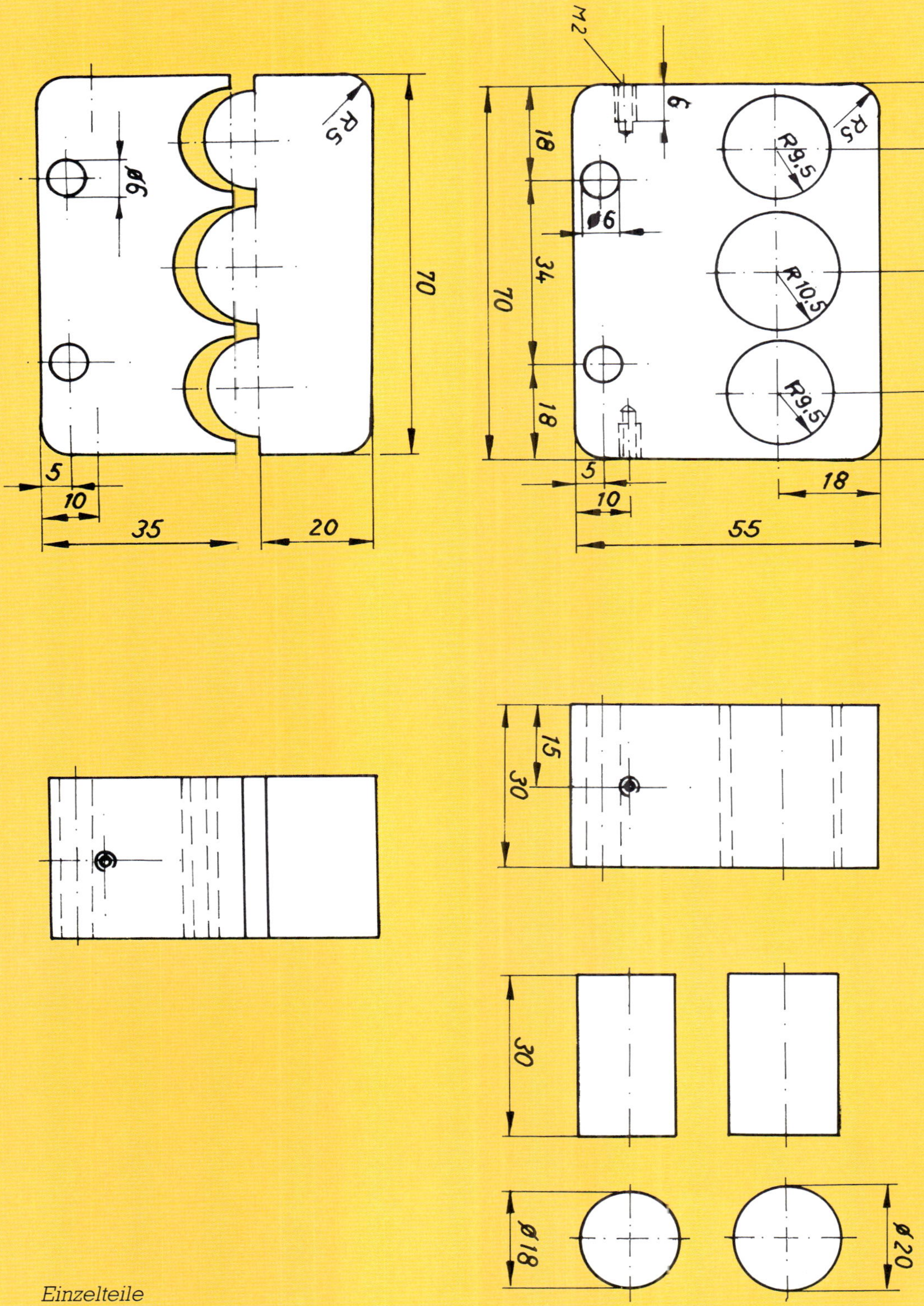


*Einzelteile*

## Material

| | |
|---|---|
| Astfreies Kiefernholz | 300 mm x 100 mm x 30 mm |
| Rundstab Buche | 300 mm x ø 25 mm |
| Rundstab Buche | 100 mm x ø 20 mm |
| Rundstab Buche | 100 mm x ø 18 mm |
| Rundstab Buche | 350 mm x ø 4 mm |
| Haken | 3 Stück ø 2 mm |
| Ösen | 3 Stück ø 2 mm |
| Farbe, Lack, Leim | |

## Werkzeuge

Elektrische Tischkreissäge
Schraubstock, Hand- oder elektrischer Bohrer
Holzraspel
Forstnerbohreinsätze ø 19, ø 21, ø 26 mm
Bohreinsätze ø 1,5, ø 4, ø 6 mm
Schleifpapier
Bleistift, Lineal, Pinsel

## Sägen

Sägen Sie vom Zuschnitt mit den Maßen 200 x 100 x 30 mm ein 150 mm langes Stück ab. Dies wird längs mit der Tischkreissäge in zwei Teile der Größe 150 x 55 mm (Teil 1) und 150 x 45 mm (Teil 2) getrennt.

Vom Teil 2 (150 x 45 mm) muß nochmals ein 40 mm langes Stück getrennt werden, welches auf ein Endmaß von 40 x 25 mm gebracht werden soll. Es erhält die Bezeichnung Teil 3. Das Teil 2 (110 x 45) bringen Sie auf das Endmaß 100 x 45 mm und bezeichnen es mit A.

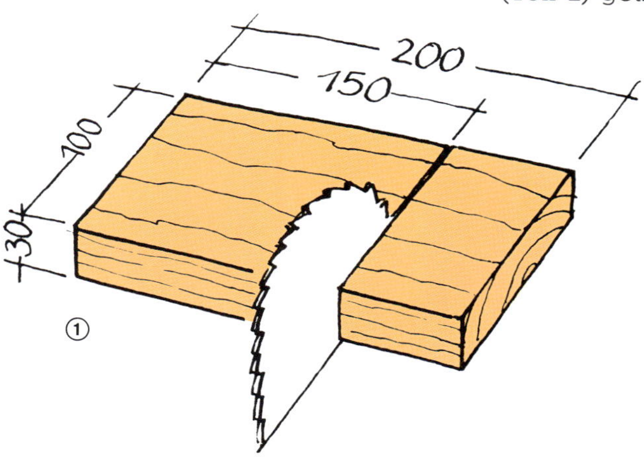


①

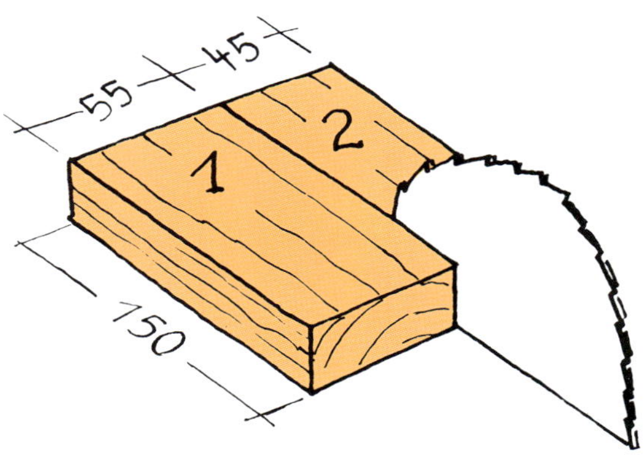


②

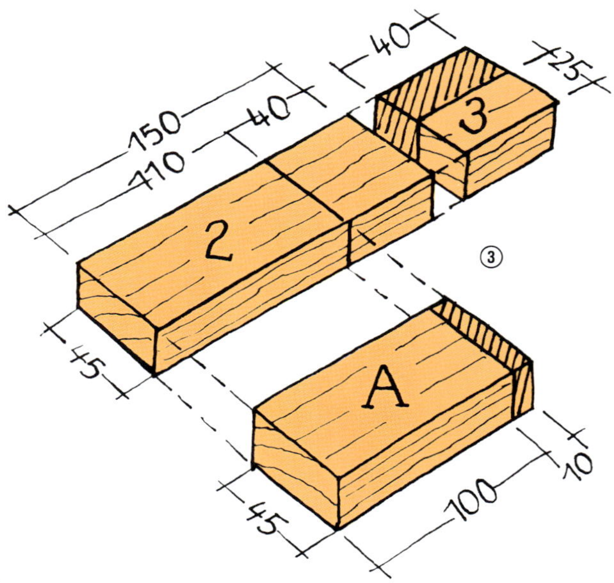


③

Aus dem Teil 1 müssen nun nochmals zwei Stücke zu je 70 x 55 mm herausgeschnitten werden. Dies sind die Montageteile C und B. Alle angeführten Sägeschnitte müssen rechtwinklig erfolgen. Verwenden Sie dafür die entsprechende Meßeinrichtung Ihrer Säge. Zeichnen Sie alle Schnitte systematisch mit dem Bleistift auf das Arbeitsholz, bevor Sie zur Säge greifen.

Die Teile A und 3 werden entsprechend der Zeichnung bündig verklebt (Maserungsverlauf beachten).

Nun lassen sich bereits die äußeren Konturen unserer Bahn erkennen.

Doch die Kreissäge wird nochmals benötigt.

Einer der beiden Wagen (C oder B) muß diesmal in Längsrichtung getrennt werden. Das angegebene Bezugsmaß gilt für das größere, untere Teil. Dies muß in der Schnittbreite 35 mm betragen. Verwenden Sie für das Schneiden das schmalste Sägeblatt, welches zur Verfügung steht, da die Blattstärke den Verlust an Material bei der Gesamthöhe des Wagens darstellt.

Alle gefertigten Teile legen Sie in Ihr Ablagebehältnis.

Die Sägearbeiten werden fortgesetzt mit den Zuschnitten der Räder und Steckteile. Die Breite der Räder beträgt 15 mm, der Durchmesser 25 mm.

Entsprechend stellen Sie das Schnittmaß der Säge ein.

Sie benötigen zwar nur zwölf Räder, schneiden aber von dem entsprechenden 25er Rundstab noch ein oder zwei Ersatzräder für „alle Fälle" ab. Vom gleichen Rundstab (ø 25 mm) wird noch ein Teil von 30 mm Länge abgetrennt – das Steckteil fürs Lokfenster.

Von den Rundstäben mit 20 mm und 18 mm Durchmesser werden noch je vier Stücke von 30 mm Länge benötigt. Zwei Teile mit

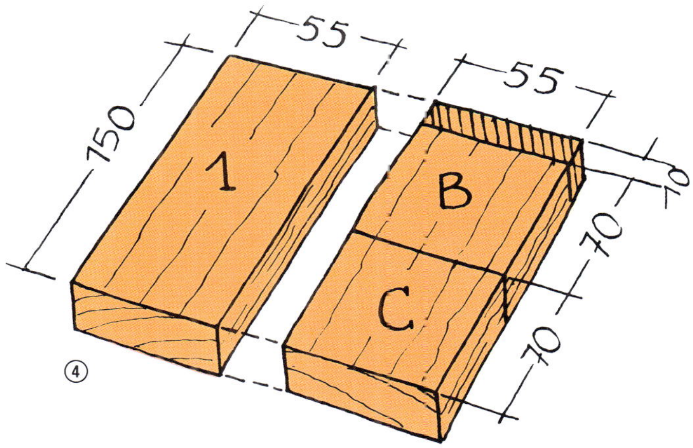

④

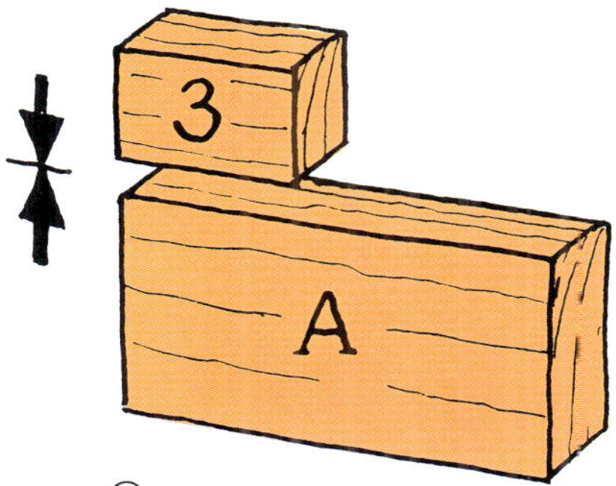

⑤

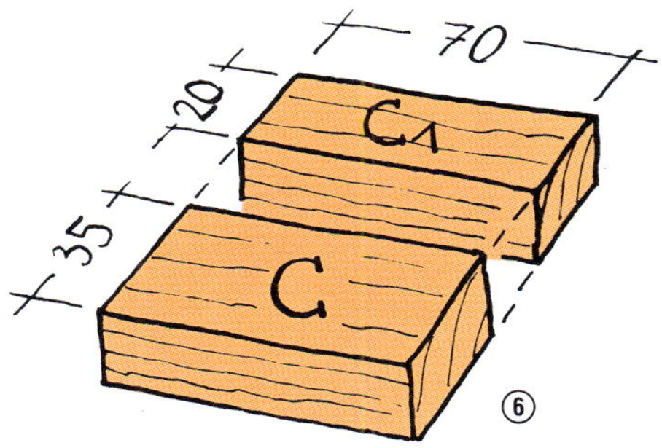

⑥

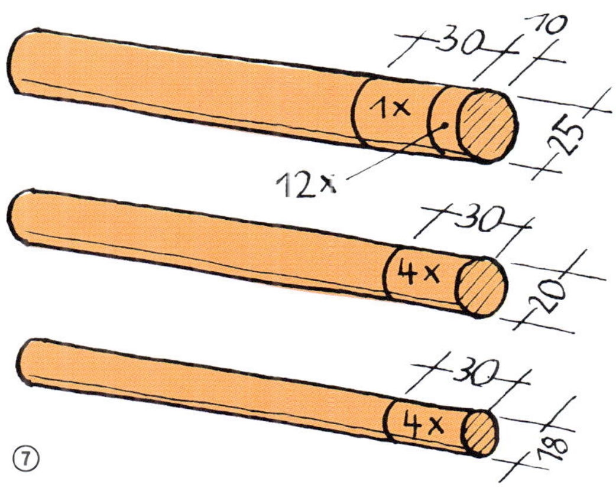

⑦

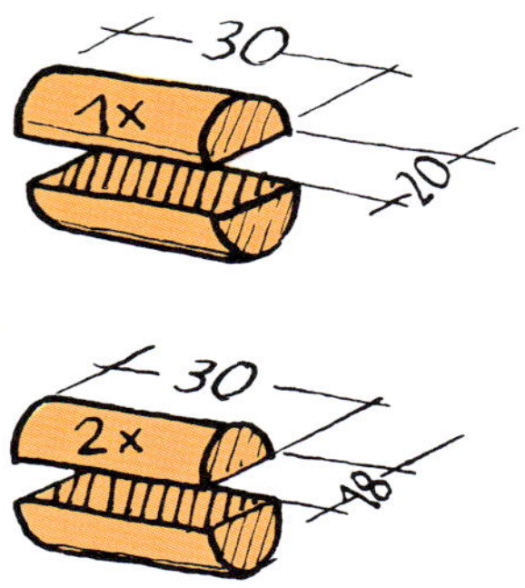


18 mm ø und ein Teil mit 20 mm ø müssen genau längs halbiert werden. Markieren Sie die Mittellinie mit dem Bleistift. Der Sägeanschlag muß so eingestellt werden, daß der Schnitt unbedingt vor dem Markierungsstrich verläuft.

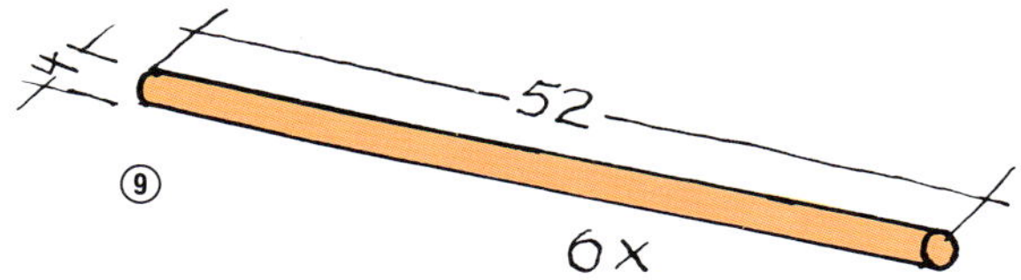

⑨

Achtung: Die Teile können nicht mit den Fingern gehalten werden. Verwenden Sie ein entsprechendes Hilfsmittel als Haltevorrichtung. Unbedingt erst einmal üben. Die drei größeren Hälften gehören in das Fertigteilbehältnis, die kleineren Stücke sind Abfall.

Schneiden Sie nun die sechs Achsen je 52 mm lang vom 4 mm dicken Rundstab ab. Damit sind die Sägearbeiten beendet.

## Bohren

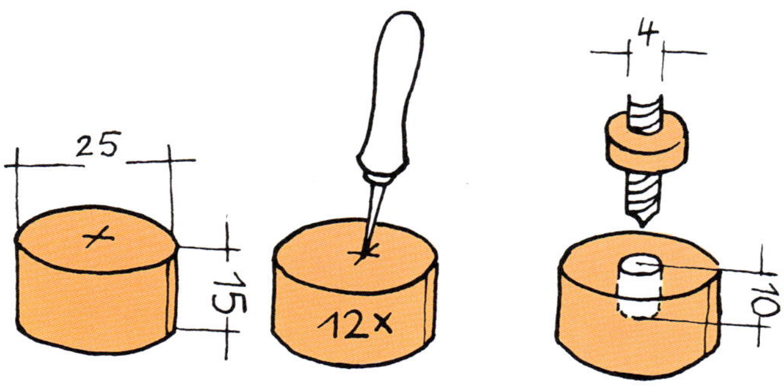


Die zwölf Räder (15 mm x 25 mm ø) werden jeweils genau in der Achsmitte markiert. Zeichnen Sie dazu mit dem Bleistift und mit Hilfe des Lineals ein Achskreuz ein. Stechen Sie mit dem Spitzdorn in den Schnittpunkt sichtbar ein.

Für die Bohrlöcher wird der 4 mm-Bohreinsatz (mit Führungsspitze) benötigt. Präzises Bohren ist nur mit dem elektrischen Bohrer und einem Bohrständer zu erreichen. Der Bohrständer bietet die Voraussetzung für senkrechtes Bohren. Allerdings muß das zu bohrende Werkstück ebenfalls senkrecht zum Bohreinsatz stehen.

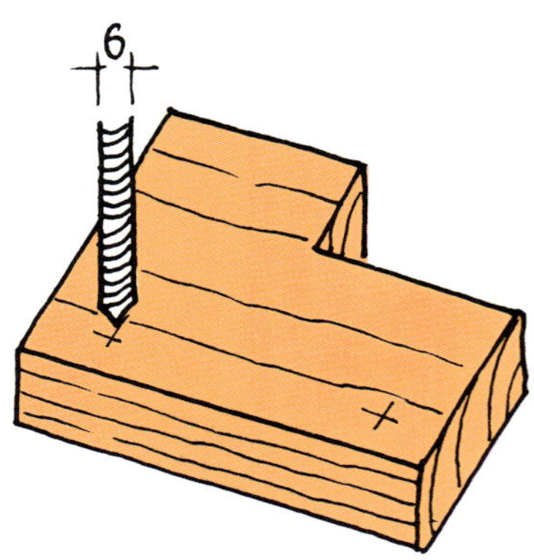

Alle zwölf Räder werden einseitig mit einem 10 mm tiefen Sackloch versehen. Verwenden Sie einen Stopper. Achten Sie darauf, daß möglichst im Zentrierpunkt gebohrt wird. Die sechs Führungslöcher für die Achsen werden mit dem sechs mm dicken Bohreinsatz gebohrt. Die Markierung der Löcher erfolgt mit Bleistift, Lineal und Spitzdorn. Bohrteile muß man unbedingt einspannen. Die Führungslöcher für die Anhängerhaken und Ösen entsprechend der Markierung 10 mm tief bohren. Verwenden Sie einen 1,5 mm dicken Bohreinsatz. Die Haken und Ösen werden später eingeschraubt. Die Differenz zwischen dem Durchmesser des Bohrlochs und dem des Schraubgewindes beträgt ca. 0,5 mm; so ist gewährleistet, daß das Gewinde auch wirklich greift.

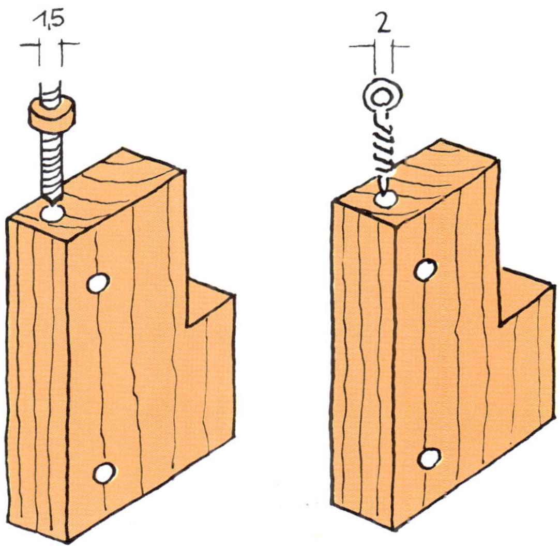


## Ausbohren der Stecköffnungen

Die notwendigen Markierungen erfolgen nach den entsprechenden Vorgaben. Beginnen Sie mit dem Teil A. Das Bohren mit den Forstnerbohrern kann exakt nur mit einem Bohrständer und maschinell geschehen. Spannen Sie also in Ihren elektrischen Bohrer zunächst den Bohreinsatz mit 21 mm Durchmesser ein. Das Bohrteil sichern.

Setzen Sie die Spitze des Bohrers in den markierten Mittelpunkt und üben leichten Druck aus. Stellen Sie die Bohrtiefe für das Sackloch ein.

Bohren Sie gefühlvoll in kleinen Etappen bis zum Anschlag. Für das mittlere Steckloch des Teiles B wird der gleiche Bohreinsatz (21 mm ø) benötigt. Entfernen Sie die Tiefensperre.

Das Durchbohren erfolgt in kleinen Etappen, d. h. bohren – Bohrer heben – bohren usw.

Die übrigen Durchbrüche (26 mm ø, 19 mm ø) erfolgen analog.

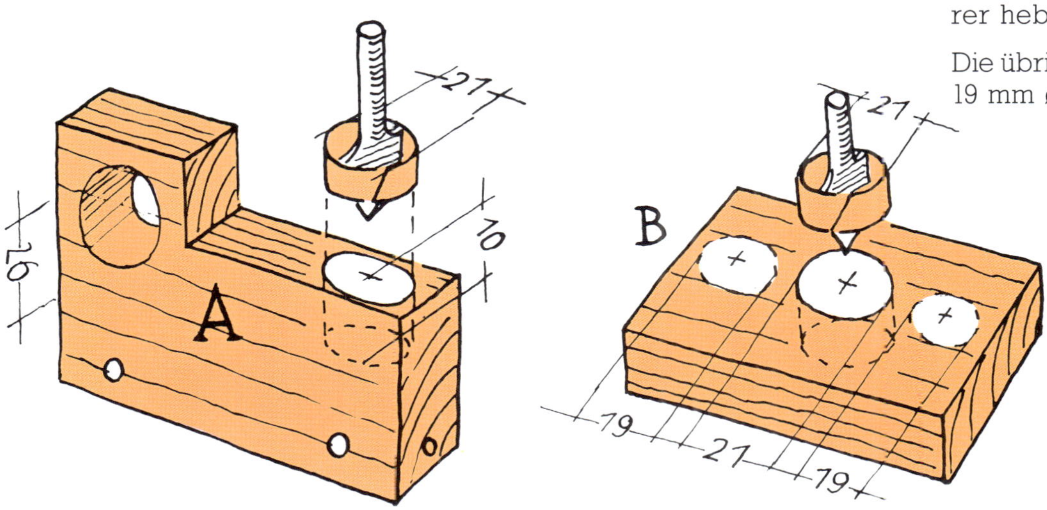

## Aussparungen für Teil C

Die Aussparungen des Teils C erfordern zusätzliche Maßnahmen. Sie benötigen zu dem unteren Teil C ein Stück Abfallholz, welches in den Außenmaßen ungefähr identisch ist (zurechtschneiden).

Die beiden Teile werden zusammengelegt und eingespannt. Die Bohrmarkierungen werden folglich auf der Stoßlinie liegen. Vor dem Bohren sollte man die Stabilität prüfen. Vergessen Sie nicht, ein flaches Stück Holz unterzulegen, um die Bohrerspitze zu schonen. Das Durchbohren erfolgt wie oben (Bohreinsatzwechsel beachten).

Sie benötigen nun aus dem Fertigteilbehältnis die halbierten Rundteile (2 x 18 mm ø, 1 x 20 mm ø), sowie das Oberteil mit den Maßen 70 x 20 x 30 mm (siehe Zeichnung C1).

Dieses Teil deckungsgleich auf das Unterteil C legen. Mit dem Bleistift die Öffnungsbegrenzungen markieren. Nun werden die halben Rundteile maßgerecht aufgeklebt.

Legen Sie nach einigen Minuten das geklebte Teil auf das Unterteil bis Paßgenauigkeit erzielt ist.

Ausquellenden Leim muß man unbedingt entfernen. Alle Teile mit Sandpapier gut glätten. Die Ein- und Ausgangsöffnungen der Stecklöcher an den Rändern leicht brechen, ebenso die Kanten der Rundteile.

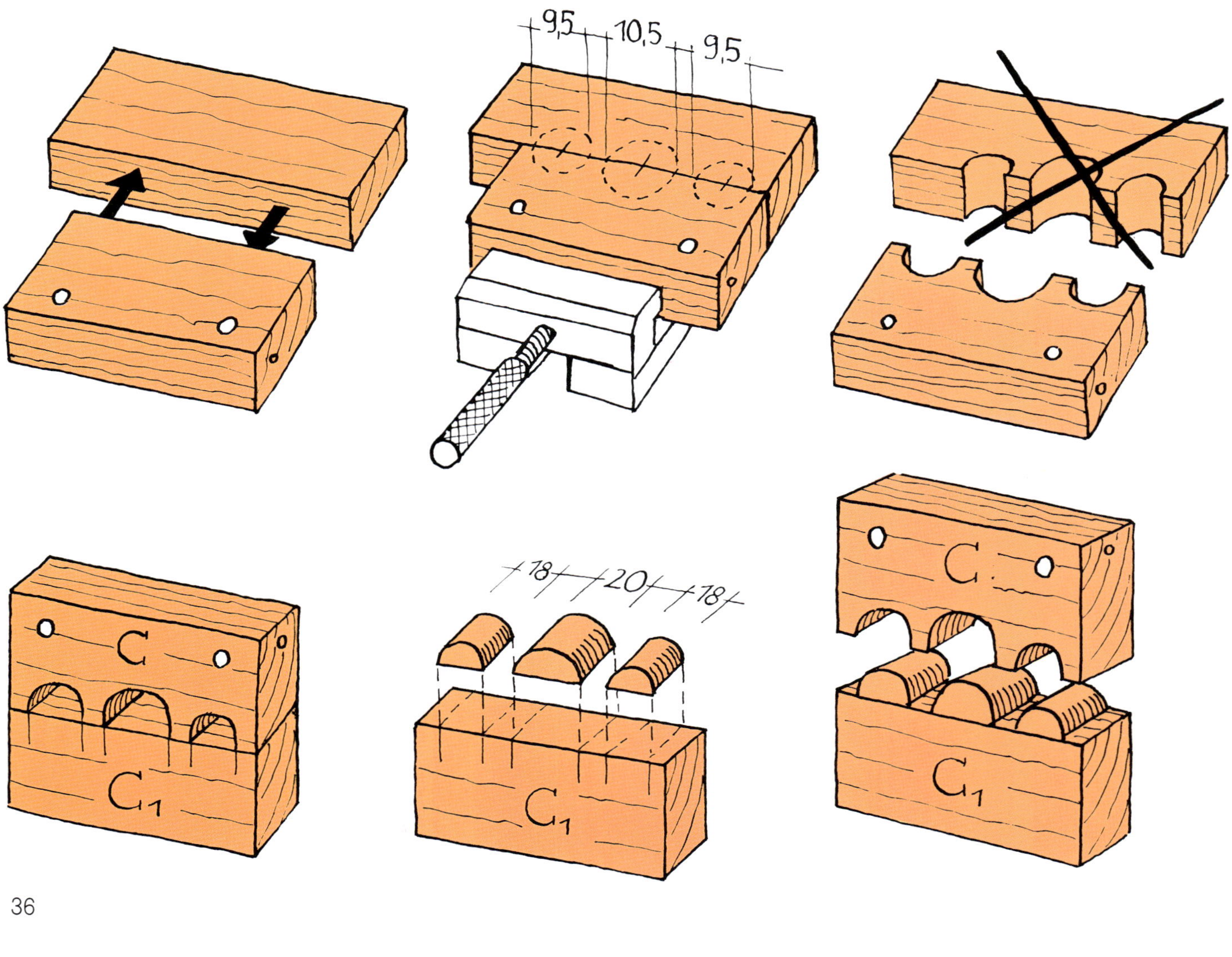

## Abrunden der Wagenkanten

Das Abrunden der Teile entsprechend der Maßvorgabe ist unumgänglich. Es erfüllt die Normen für Kleinkinderspielzeug. Die Verletzungsgefahr durch scharfe Kanten und Ecken wird praktisch ausgeschlossen. Im übrigen unterliegt die Linienführung den elementaren Gestaltungskriterien.

Markieren Sie mit dem Zirkel deutlich den Verlauf der Rundungen. Die Teile werden einzeln in den Schraubstock gespannt. Die grobe Vorarbeit erfolgt mit der Raspel, die stets in Richtung des Maserungsverlaufs geführt wird. Mit der Feile arbeiten Sie nach; der endgültige „Schliff" wird mit dem Sandpapier erreicht.

Kontrollieren Sie abschließend alle Teile auf Paßgenauigkeit. Wenn man mit dem Ergebnis zufrieden ist, kann das Bemalen beginnen.

## Montage der Räder, Achsen, Haken, Ösen

Stecken Sie zunächst alle Räder „trocken" auf die Achsen. Sind Sie mit den Rollbewegungen zufrieden, beginnt die Montage.

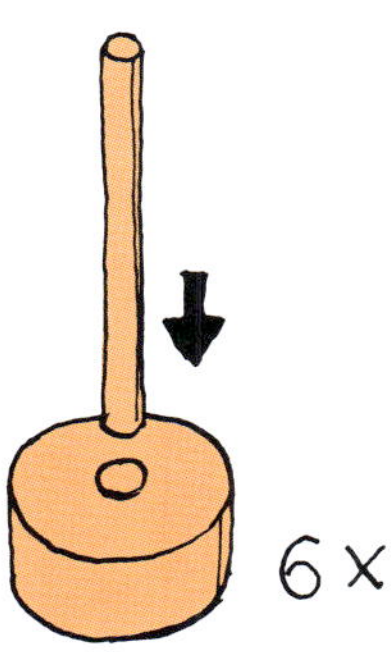

Legen Sie sechs Räder nebeneinander, die Bohröffnung nach oben. Die sechs Achsen an je einem Ende mit Leim versehen und jeweils in eine Radöffnung einführen. Mit einem Holz- oder Gummihammer bis zum Widerstand leicht einschlagen. Hervorquellenden Leim entfernen; abtrocknen lassen. Die Achsen durch die Führungslöcher der Wagen schieben, mit Leim versehen und in die Achslöcher der Räder einführen.

Es ist empfehlenswert, Haken und Ösen im Fachhandel zu erwerben.

# Konstruktionsspielzeuge

# Loch-steckspiel

Das denkbar einfache Stecksystem beinhaltet unbegrenzte Spielmöglichkeiten. Aufforderung zum Ideentraining sowie Übung der Koordinationsfähigkeit charakterisieren den Spielverlauf.

## Material

| | |
|---|---|
| Hartholz | Leistenzuschnitt gehobelt 20 x 15 mm<br>Gesamtlänge ca. 6,50 m |
| Hartholz | Rundstab ø 7 mm,<br>Gesamtlänge ca. 1,50 m |

## Werkzeug

Tischkreissäge, elektrischer Bohrer, Bohrständer
Bohreinsatz 7,2 mm ø
Senkbohrer 9,2 mm ø
Schleifpapier, mittel.

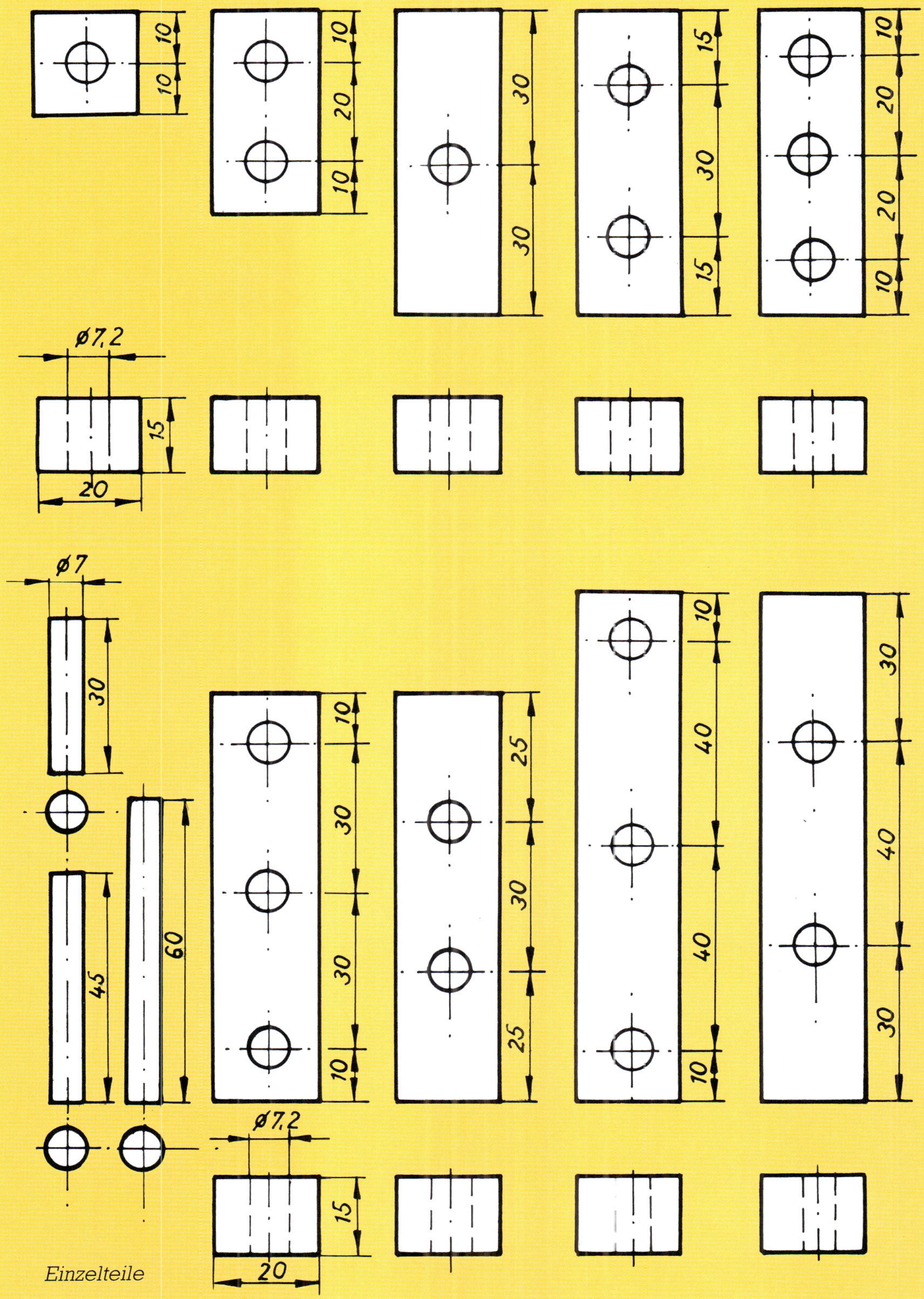


Einzelteile

## Sägen

Die Maßeinrichtung der Tischkreissäge ist zu beachten. Schneiden Sie systematisch zunächst die kleinen Teile, dann die mittleren Längen und zum Schluß die langen Teile zurecht.

Von jedem Teil sollte man eine Probe anfertigen. Nach dem Sägen die Kanten der fertigen Teile rundum mit Schleifpapier brechen.

Die Bearbeitung der Rundteile erfolgt auf gleiche Weise.

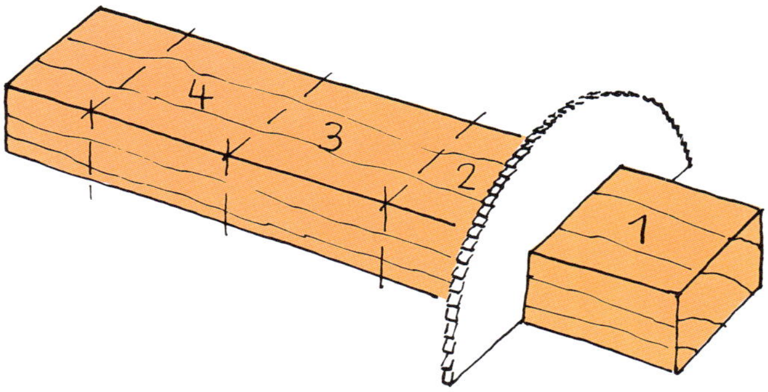


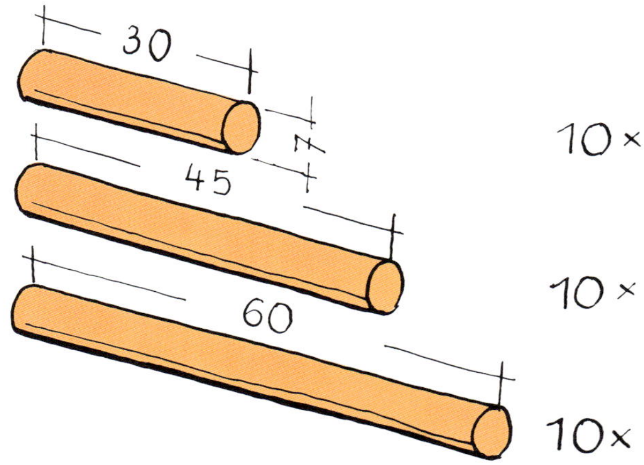


## Bohren

Die Durchbrüche werden einzeln gefertigt. Das Übereinanderlegen mehrerer Teile ist nicht ratsam; in der Regel „läuft" der Bohrer aus der gewünschten Richtung.

Kennzeichnen Sie die Bohrstellen mit dem Spitzdorn; verwenden Sie zum Bohren einen Spiralbohrer mit Führungsspitze. Nach dem Bohren werden die Bohrlöcher mit Hilfe des Senkbohrers entgratet. Hierzu benötigen Sie den Bohrständer. Die Senkbohrungen sind 1 mm tief.

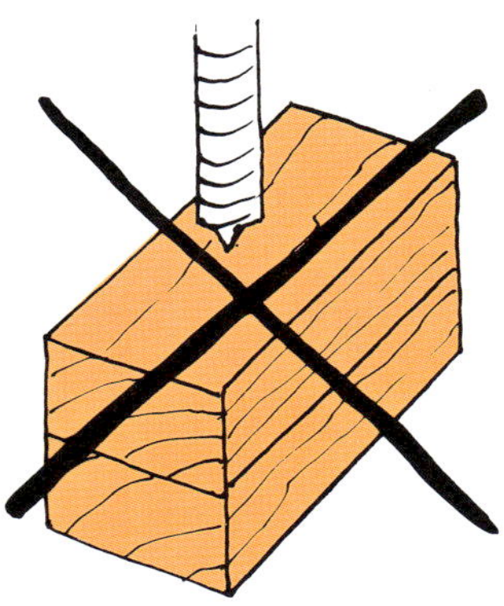

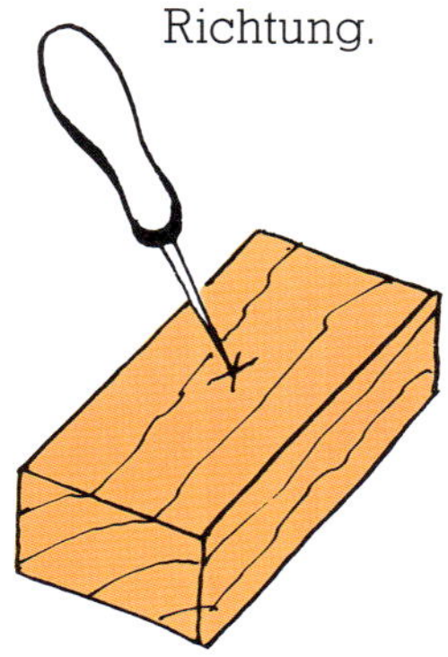

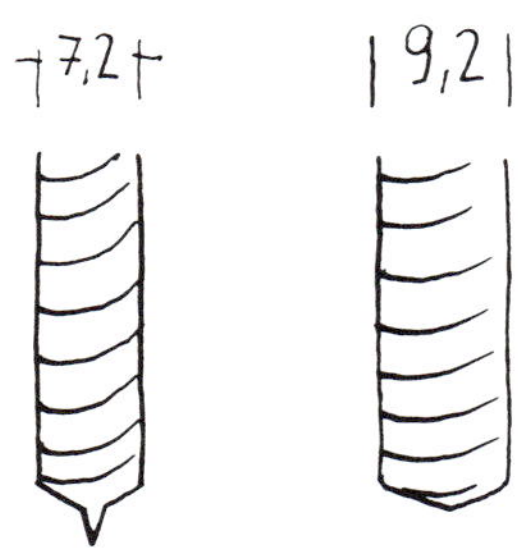


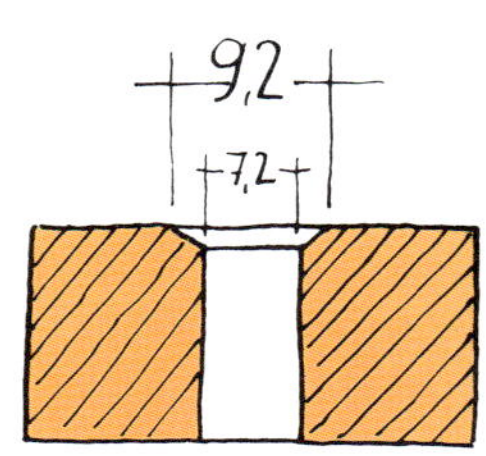


## Tabelle der Teile

(in mm)

| Menge | L B H | Rundstücke: |
|---|---|---|
| 10 | 20 x 1,5 x 15 | Menge L |
| 10 | 40 x 20 x 15 | 10 x 30 |
| 30 | 60 x 30 x 15 | 10 x 45 |
| 20 | 80 x 20 x 15 | 10 x 60 |
| 20 | 100 x 20 x 15 | |

# Steckspiel mit flachen Teilen

Dieses Konstruktionsspiel stellt hohe Anforderung an Phantasie und Kreativität. Es werden elementare Regeln z. B. der Statik in Erfahrung gebracht.

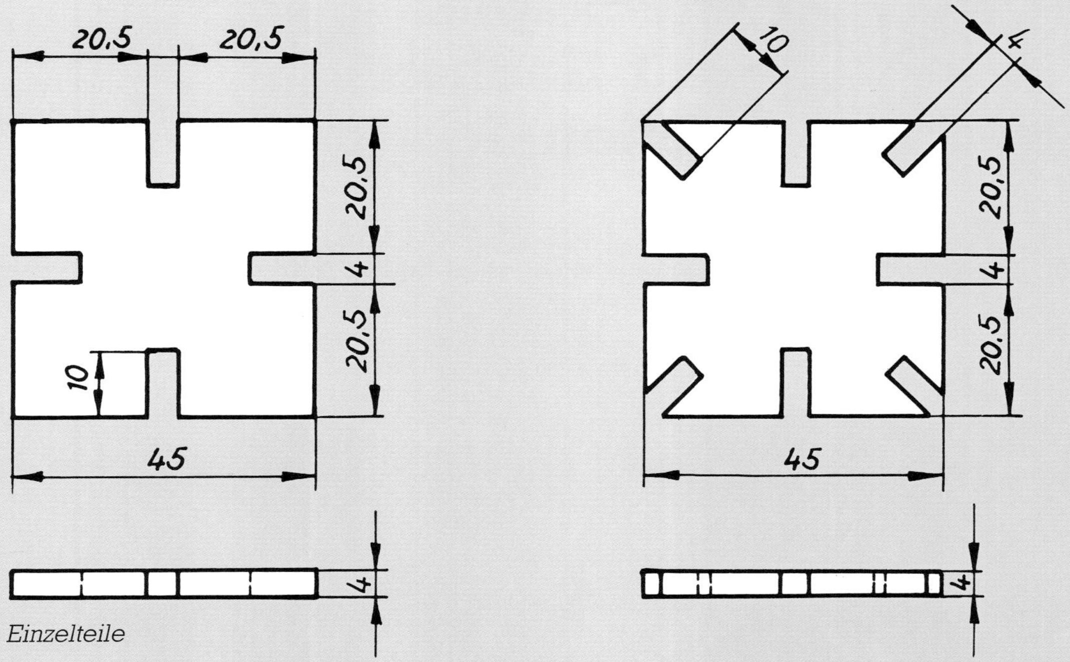


Einzelteile

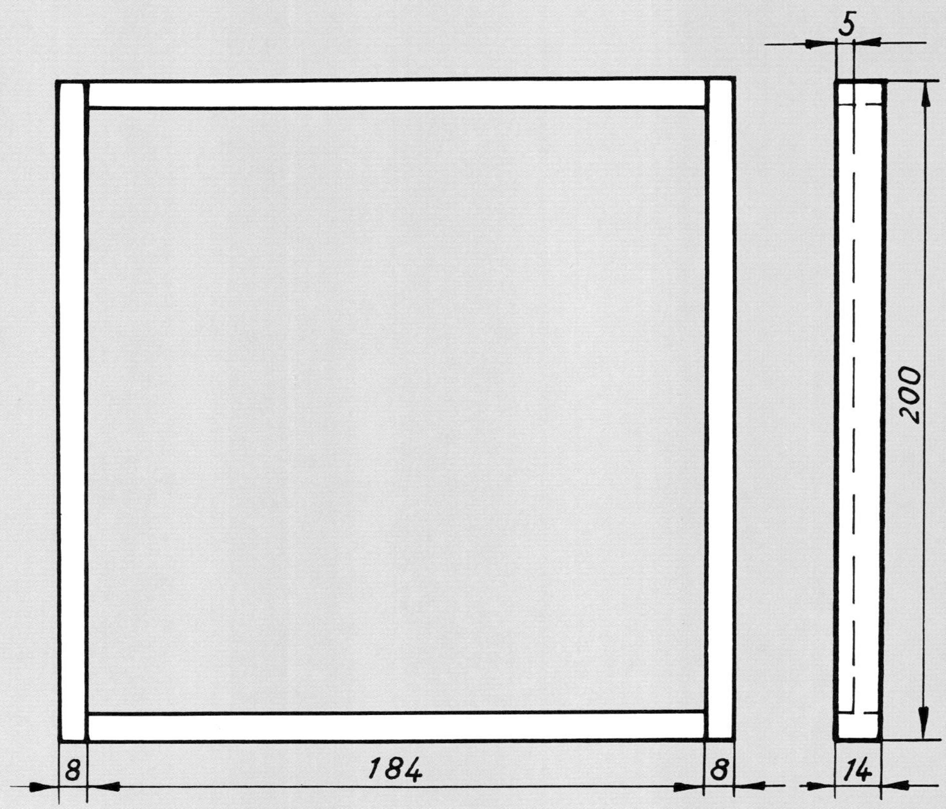


Behältnis

## Material

| | |
|---|---|
| Hartholz | Leistenzuschnitt gehobelt 14 x 8 mm Gesamtlänge ca. 100 cm |
| Hartholz | Zuschnitt, gehobelt 200 x 50 x 45 mm |
| Sperrholz | Zuschnitt, 184 x 184 x 5 mm |
| Holzbeize | Farbwahl nach eigenem Ermessen (max. drei Farben) |

Lack, Leim.

## Werkzeug

Tischkreissäge, Sägeblatt 4 mm breit, Sägeblatt 2 mm breit, Lineal, Bleistift, Schleifpapier, mittel.

## Sägen

Die Herstellung dieses Spielzeugs stellt hohe Anforderungen an die Fertigkeiten.

Der Zuschnitt mit den Maßen 200 x 50 x 45 mm wird in acht Streifen zu je 200 x 4 x 45 mm getrennt. Die 4 mm-Streifen trennen Sie nochmals in je vier Quadrate von 45 x 45 mm (insgesamt 32 Teile). Das Einsägen der Steckschlitze erfordert exaktes Ausmessen und gut geschärftes Werkzeug. Verwenden Sie das 4 mm breite Sägeblatt. Die Schnitt-Tiefe wird auf 10 mm eingestellt. Die Anschlagbreite ist genau mittig (22,5 mm). Führen Sie die Teile senkrecht über das Sägeblatt.

Zehn der 32 Teile erhalten zusätzlich an den vier Ecken 10 mm tiefe Schlitze. Verwenden Sie als Stütze eine Leiste mit einem 45°-Winkel, so lassen sich die auf die Spitze gestellten Teile mühelos über die Säge führen.

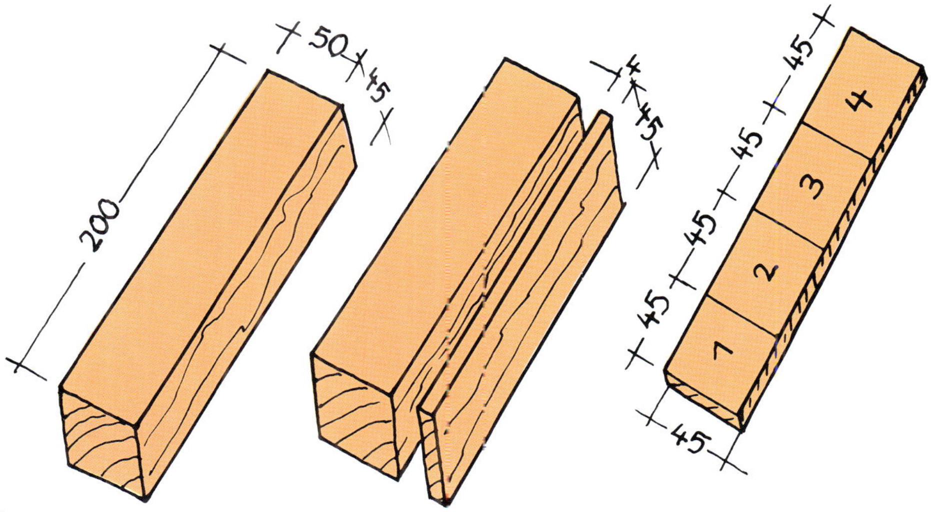


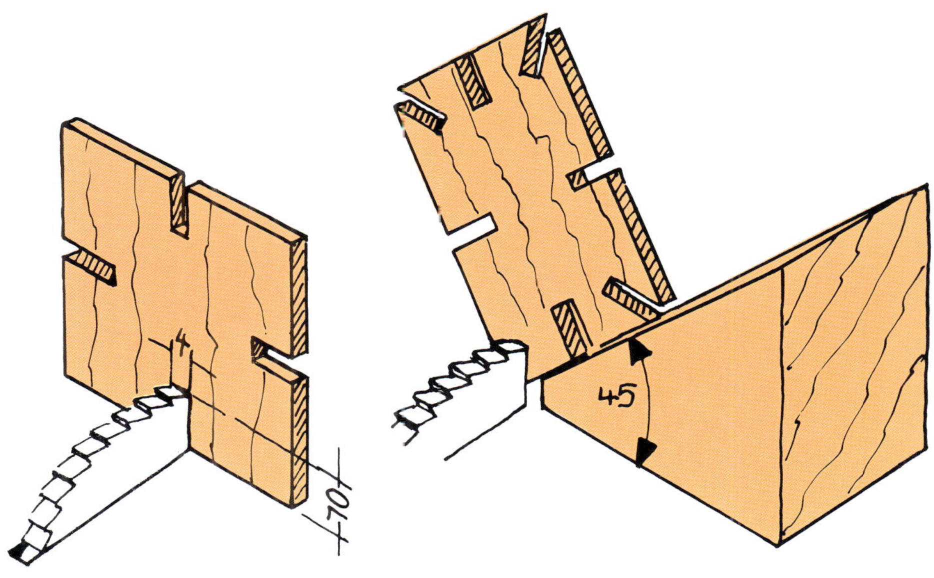

## Behältnis

Das Fertigen des Behältnisses erfordert keine besonderen Kenntnisse.

Die 14 mm breite und 8 mm hohe Leiste wird auf je zwei Längen zugeschnitten, 2 x 200 mm lang und 2 x 184 mm lang.

Die beiden Leistenteile verkleben Sie bündig mit dem Bodenzuschnitt (184 x 184 mm). Beachten Sie, daß jeweils gleich lange Teile gegenüberliegen. Nach dem Abbinden des Leims sollte man die Klebekanten gut verschleifen.

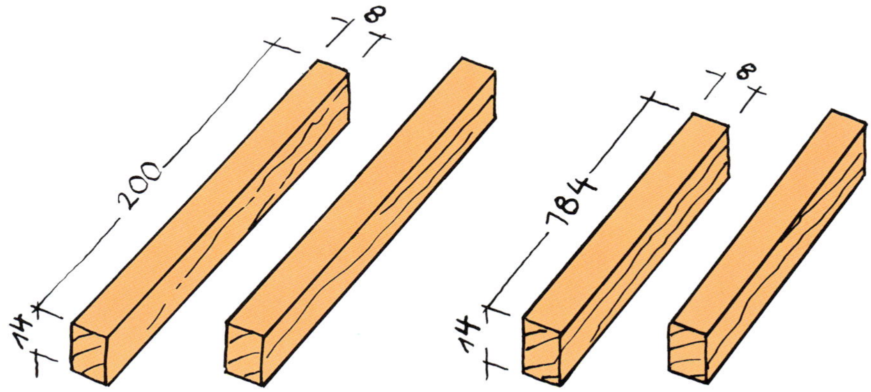


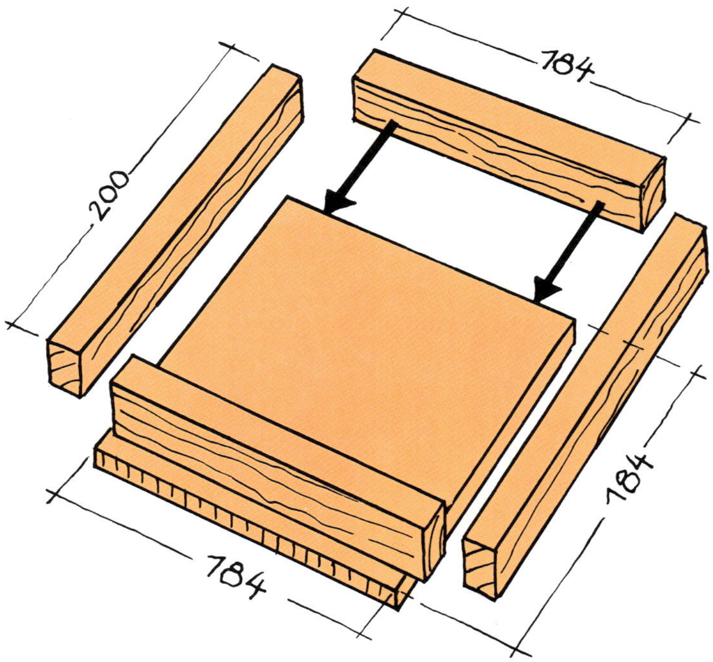

## Bemalen

Beim Zuordnen der Farben entscheidet Ihr persönliches Empfinden. Beachten Sie trotzdem den Hinweis, den größeren Teil der einzelnen Elemente im natürlichen Zustand zu belassen.

Als Farbart bietet sich Holzbeize an. Sie ist wasserverdünnbar und in nahezu allen Farbtönen erhältlich. Abschließend die Lackversiegelung nicht vergessen.

# Bausteine „Statik"

Zuordnen und Austauschen unterliegt keiner Regel. Überlegtes Handeln wird gefordert.

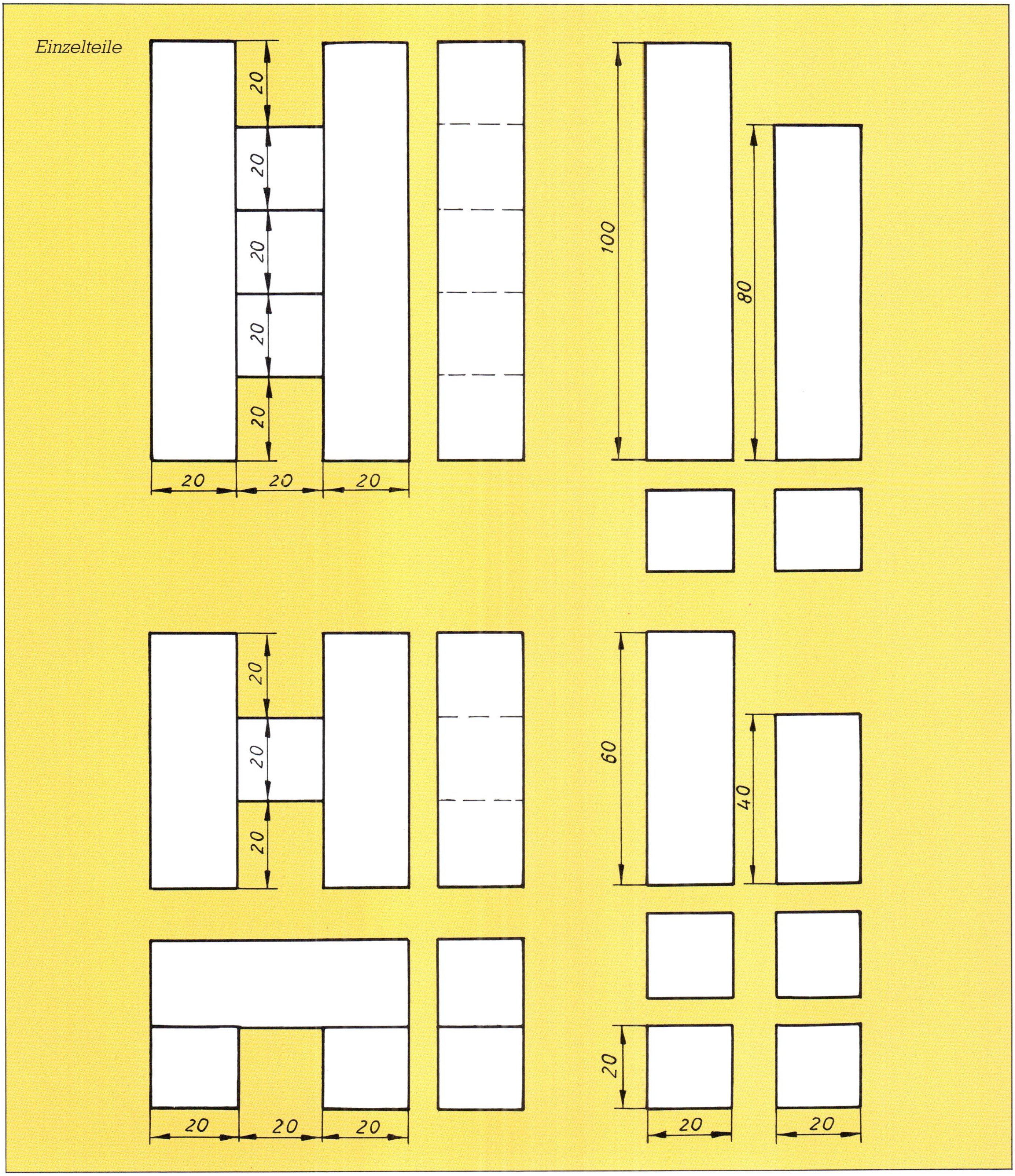
Einzelteile
20
20
20
20
20
20
20
20
100
80
20
20
20
60
40
20
20
20
20
20
20

## Material

Für die Fertigung der jeweils drei Elemente benötigt man folgendes Material:

Hartholz Leistenzuschnitt
20 x 20 mm,
Gesamtlänge ca. 200 cm

PVCA-Leime, Dekorfarben (wasserverdünnbar), Klarlack, Pinsel.

## Werkzeug

Tischkreissäge,
elektrisches Schleifgerät,
Schleifpapier, mittel und fein.

## Sägen

Die Leisten (Kantenmaß 20 x 20 mm) werden wie folgt zugeschnitten:

9 x 100 mm
3 x 80 mm
12 x 60 mm
3 x 40 mm
18 x 20 mm.

Nach dem Zusägen der einzelnen Teile (300 Stück) muß man diese auf allen vier Seiten gut verschleifen. Die Kanten werden nicht gebrochen; dies erfolgt erst nach der Montage.

## Kleben

Die Vorgaben zu den Klebearbeiten entnehmen Sie der Zeichnung. Achten Sie beim Arbeiten auf eine stabile, glatte Unterlage. Entscheidend für das spätere Funktionieren, das Ineinandergreifen der Teile ist die Paßgenauigkeit. Verwenden Sie deshalb beim Kleben ein Teil mit dem Kantenmaß 20 x 20 mm als Paßstab. Falls auch mit diesem Hilfsmittel kein spielerisches Passen erreicht wird, bleibt nur noch das „Paßschleifen" der in Frage kommenden Teile.

Nach dem Abbinden des Klebers werden die einzelnen Elemente gut verschliffen. Für das Glätten der Durchbrüche bauen Sie sich eine Hilfsfeile (siehe Zeichnung). Zum Schluß werden alle Kanten leicht gebrochen.

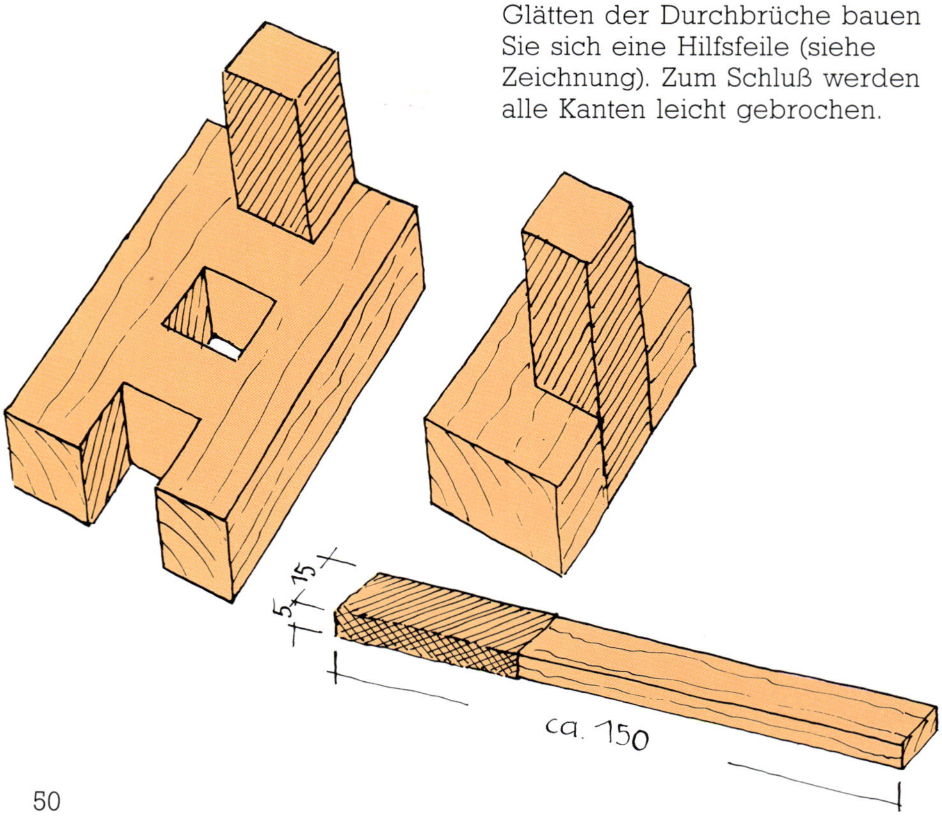

## Bemalen

Falls Ihnen für dieses Spielzeug farbige Teile als notwendig erscheinen, verwenden Sie wasserlöslichen Dekorlack. Er wird dünn mit dem Pinsel aufgetragen. Die Holzstruktur bleibt erhalten. Abschließend mit einigen Tropfen Speiseöl und einem Leinenläppchen polieren.

# Kombi-System

(4 Kästen)

Die geometrischen Grundformen Dreieck, Quadrat und Rechteck sind die Ausgangselemente für dieses Spiel. Die Austauschbarkeit, das Kombinieren in Fläche und in Höhe sowie das Zuordnen von Farbe und Form bieten eine unbegrenzte Vielfalt.

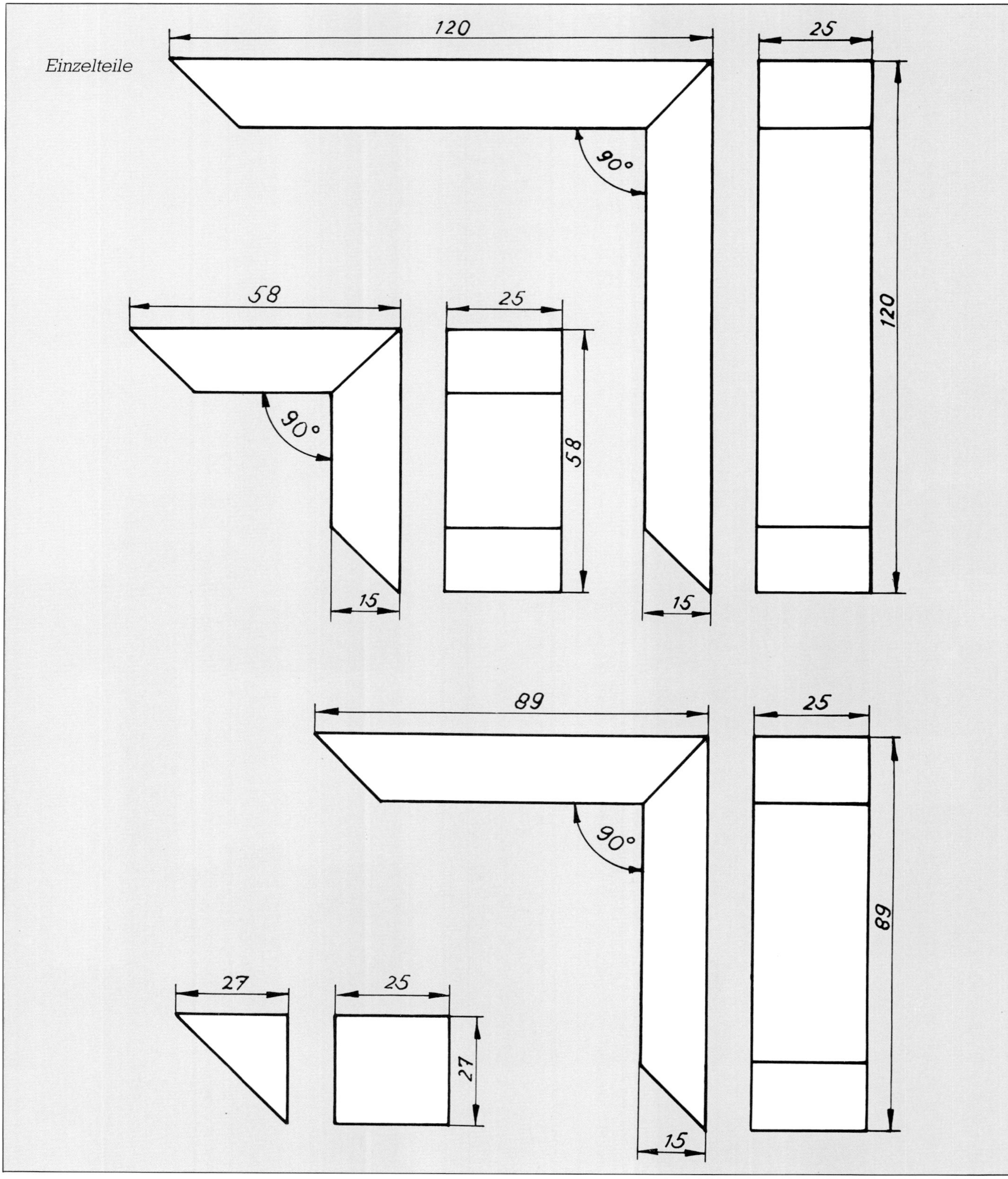
Einzelteile
120
25
90°
120
58
25
90°
58
15
15
89
25
90°
89
27
25
27
15

*Einzelteile*

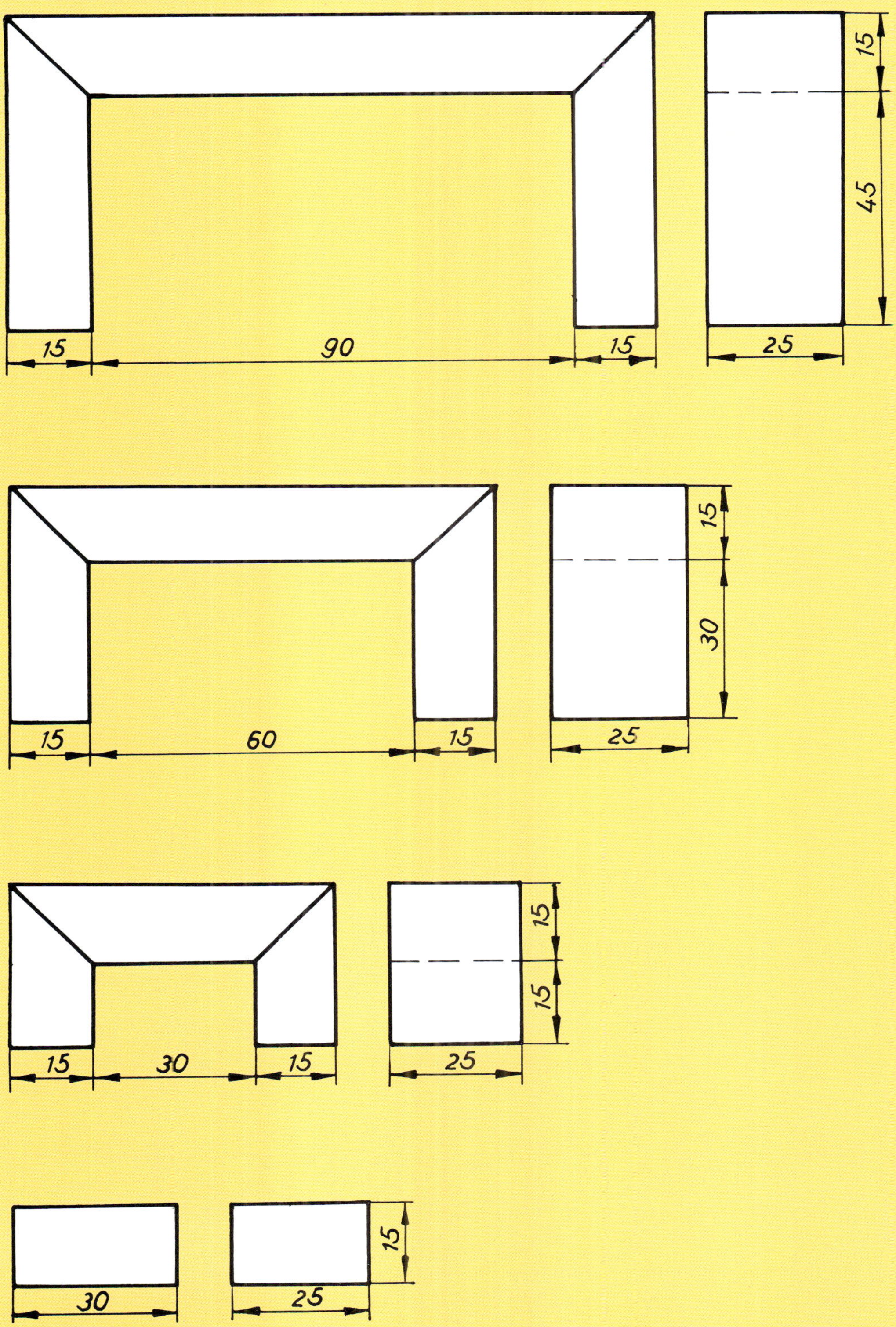

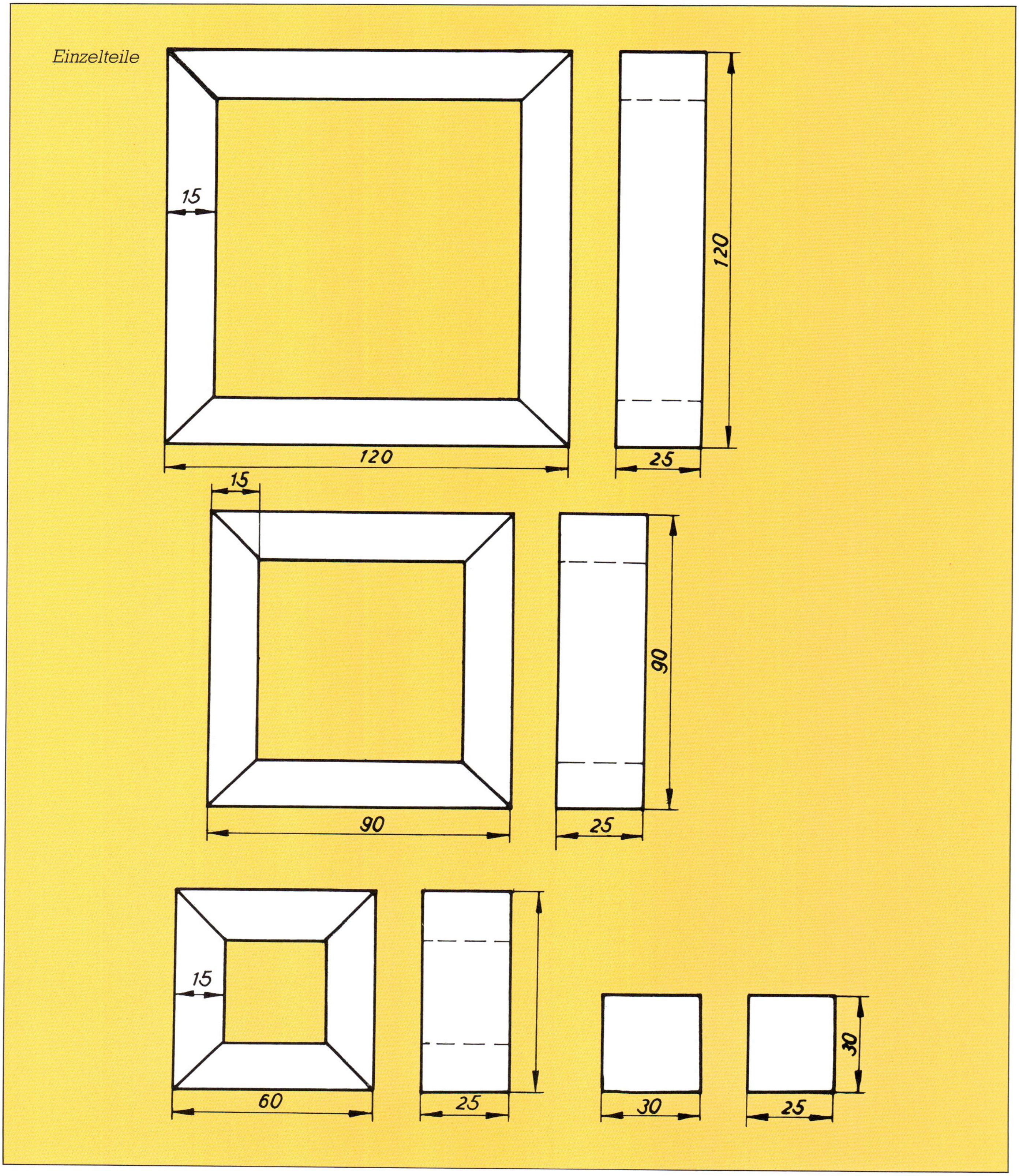
Einzelteile
15
120
25
120
15
90
25
90
15
60
25
30
25
30

*Einzelteile*

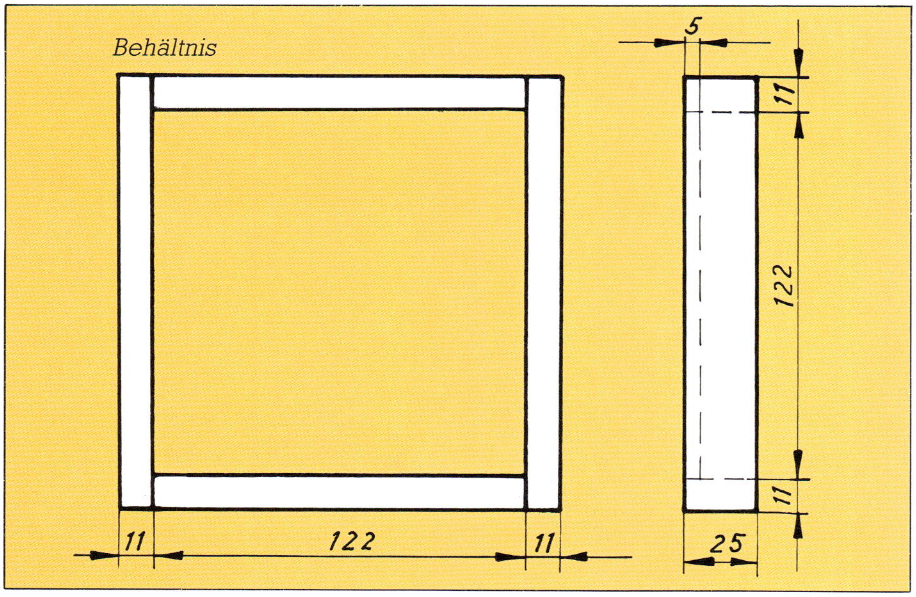


## Material (für einen Kasten)

Hartholz Leistenzuschnitt 25 x 15 mm, Gesamtlänge 150 cm.
Hartholz Leistenzuschnitt 25 x 11 mm, Gesamtlänge ca. 60 cm
Sperrholz Zuschnitt 122 x 122 x 5 mm.
PVAC-Kleber, Farbe, Dekorlack.

## Werkzeug

Tischkreissäge, elektrischer Schleifer, Schleifpapier mittel und fein, Pinsel, zwei kleine Schraubzwingen.

## Sägen

Die Maße der vier Behältnisse sind identisch. Daher empfiehlt es sich, alle vier Kästen zugleich in Angriff zu nehmen. Fertigen Sie zunächst die Böden. Das sind vier Zuschnitte aus 5 mm dickem Sperrholz mit den Außenmaßen 122 x 122 mm. Die Hartholz-Randleiste (25 x 11 mm) trennen Sie in acht Teile, die je 144 mm lang sind und acht Teile mit je 122 mm Länge. Gut glätten und die Kanten leicht brechen.

Um sich selbst zu kontrollieren, sollten Sie gleich eine „Trockenmontage" vornehmen. Anschließend die Randleisten stabil montieren. Gleichlange Leisten liegen sich gegenüber. Sie werden rechtwinklig mit der Bodenplatte verleimt. Verwenden Sie eine oder auch zwei Schraubzwingen.

Die Teile der Kasteninhalte werden zunächst durchgehend auf Gehrung (45°) geschnitten. Dies erfordert hohe Präzision sowie Systematik beim Sägen. Arbeiten Sie sich von außen nach innen vor. D. h., zunächst werden die vom Zuschnitt größeren, außen liegende Teile zugesägt. Dies erfolgt wiederum reihum.

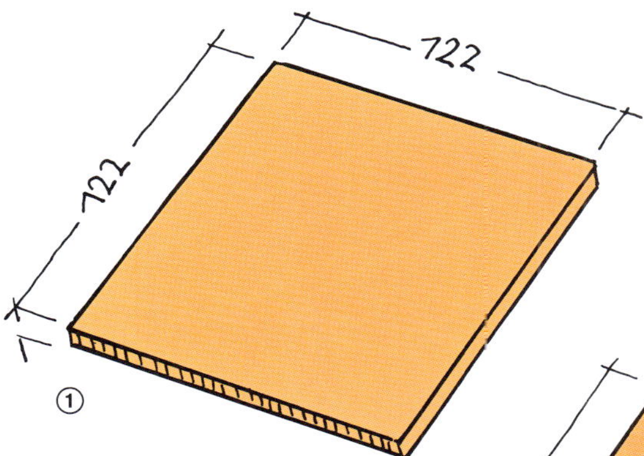


①

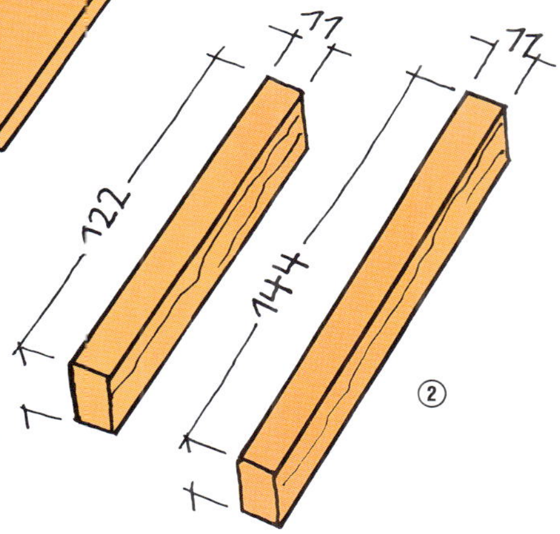


②

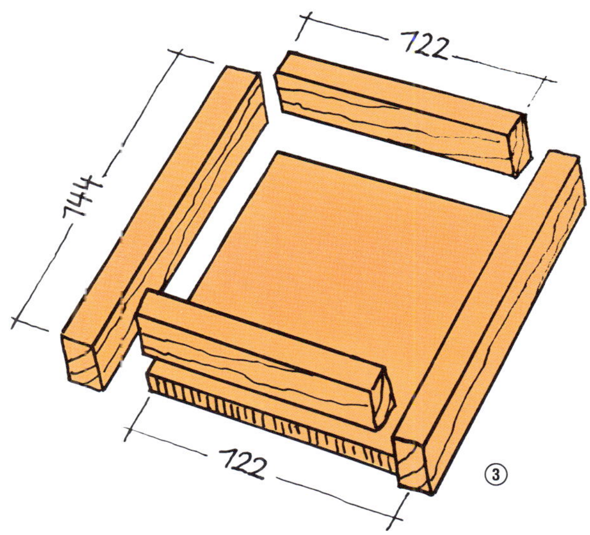


③

④

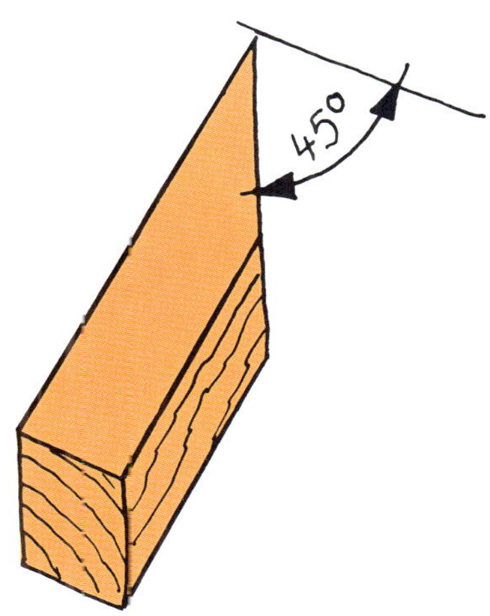


⑤

Die Paßgenauigkeit an den Gehrungen ist entscheidend für das ganze System. Daher dürfen die einmal zugeschnittenen Teile nicht untereinander verwechselt werden. Kennzeichnen Sie also in Reihenfolge mit Buchstaben oder Zahlen. Montieren Sie sofort nach Fertigstellung eines „Ringes". So behalten Sie den Überblick.

Nach dem Verkleben gründlich verschleifen und die Kanten brechen.

Sollten Sie am Ende Ihrer Arbeit trotzdem Einpaßprobleme haben, so hilft nur entsprechendes Schleifen.

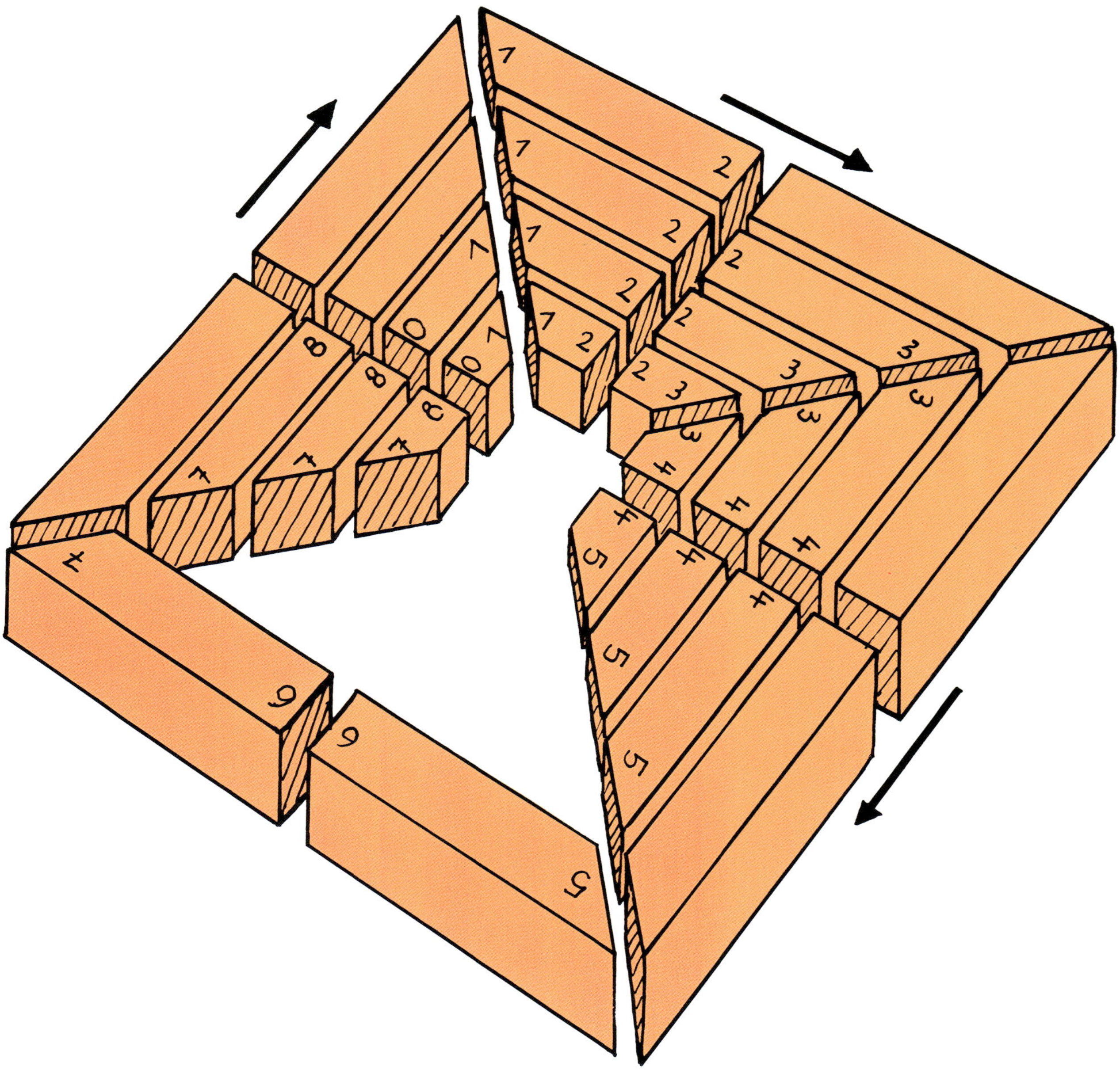

## Bemalen

Das richtige Zusammenspiel der Farben ist entscheidend für das Gestaltungsniveau des Spiels. Daher sollten Sie auf das Farbmischen und -aufbringen besonderen Wert legen.

Gehen Sie prinzipiell davon aus: Helle Farben liegen innen. Mischen Sie nach außen systematisch dunkler ab. Wollen Sie sich diese aufwendige Arbeit sparen, können Sie die entsprechenden Farbtöne kaufen. Empfehlenswert sind wasserverdünnbare Dekorlacke. Diese sind in nahezu allen Farbabstufungen zu haben.

Als letzte Arbeit versiegeln Sie die Bauelemente. Nach dem Abtrocknen der Farbe verhelfen ein paar Tropfen Speiseöl, welche mit einem Leinenläppchen aufgetragen werden, zu einem „glanzvollen Aussehen".

# Dreieck-Bausteine

Bausteine sind Klassiker der Konstruktionsspiele. Im Umgang mit ihnen werden materialgerechtes hantieren sowie grundlegende Erkenntnisse und Einsichten erworben.

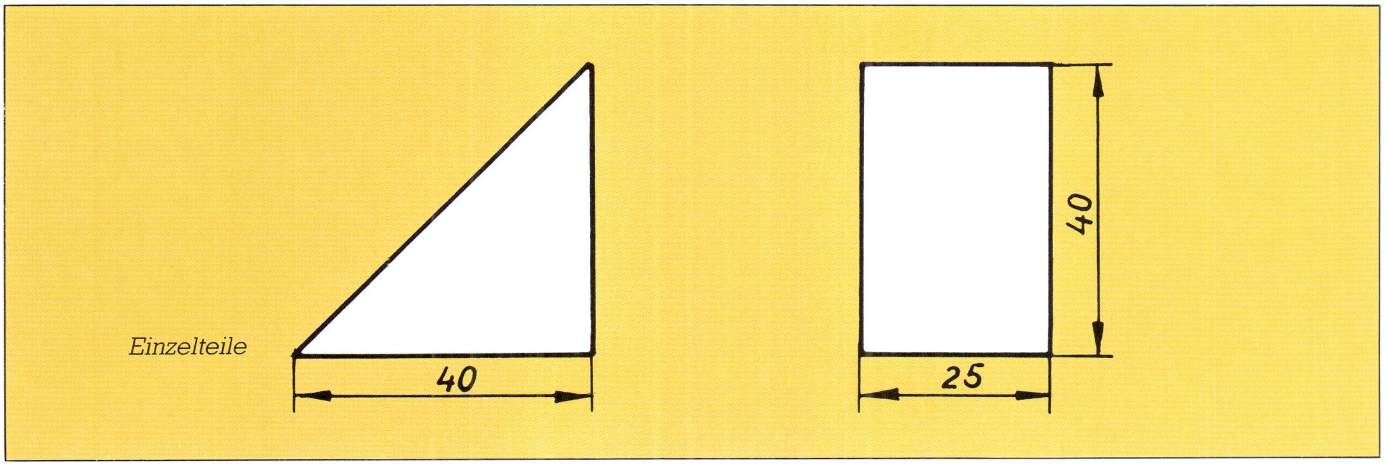


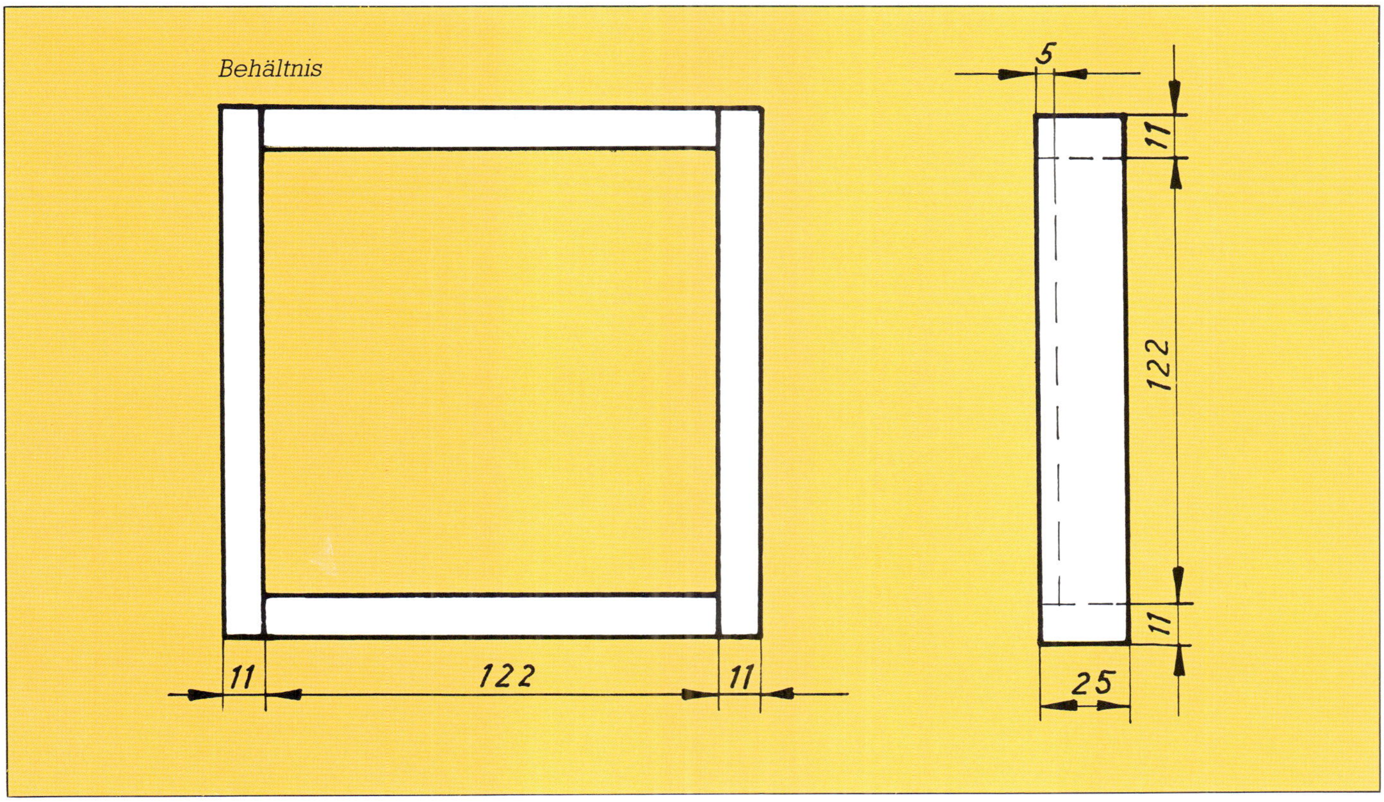


## Material (für einen Kasten)

Hartholz Leistenzuschnitt gehobelt 11 x 22 mm, Gesamtlänge ca. 100 cm

Hartholz Leistenzuschnitt gehobelt 40 x 25 mm, Gesamtlänge ca. 60 cm

Sperrholz Zuschnitt 122 x 122 x 5 mm

Farbe - Dekorlack, Holzbeize, PVCA-Kleber.

## Werkzeug

Tischkreissäge, Schwingschleifer, Schleifpapier mittel und fein, Pinsel.

## Sägen Dreieckteile

Das Sägen der einzelnen Teile erfordert einige Übung. Trennen Sie zunächst die Leiste mit den Maßen 40 x 25 mm in drei gleiche Teile (ca. 20 mm lang). Die nun folgenden Schnitte werden alle im 45°-Winkel ausgeführt. Stellen Sie die Winkeleinrichtung der Säge entsprechend ein.

Führen Sie eine der drei Leisten exakt bei 40 mm über die Säge. Für den nächsten Schritt drehen Sie die Leiste um 180°. Mit dieser Methode kommen Sie rasch zum Ziel. Benötigt werden 18 Teile. Verschleifen Sie gut und brechen alle Kanten leicht.

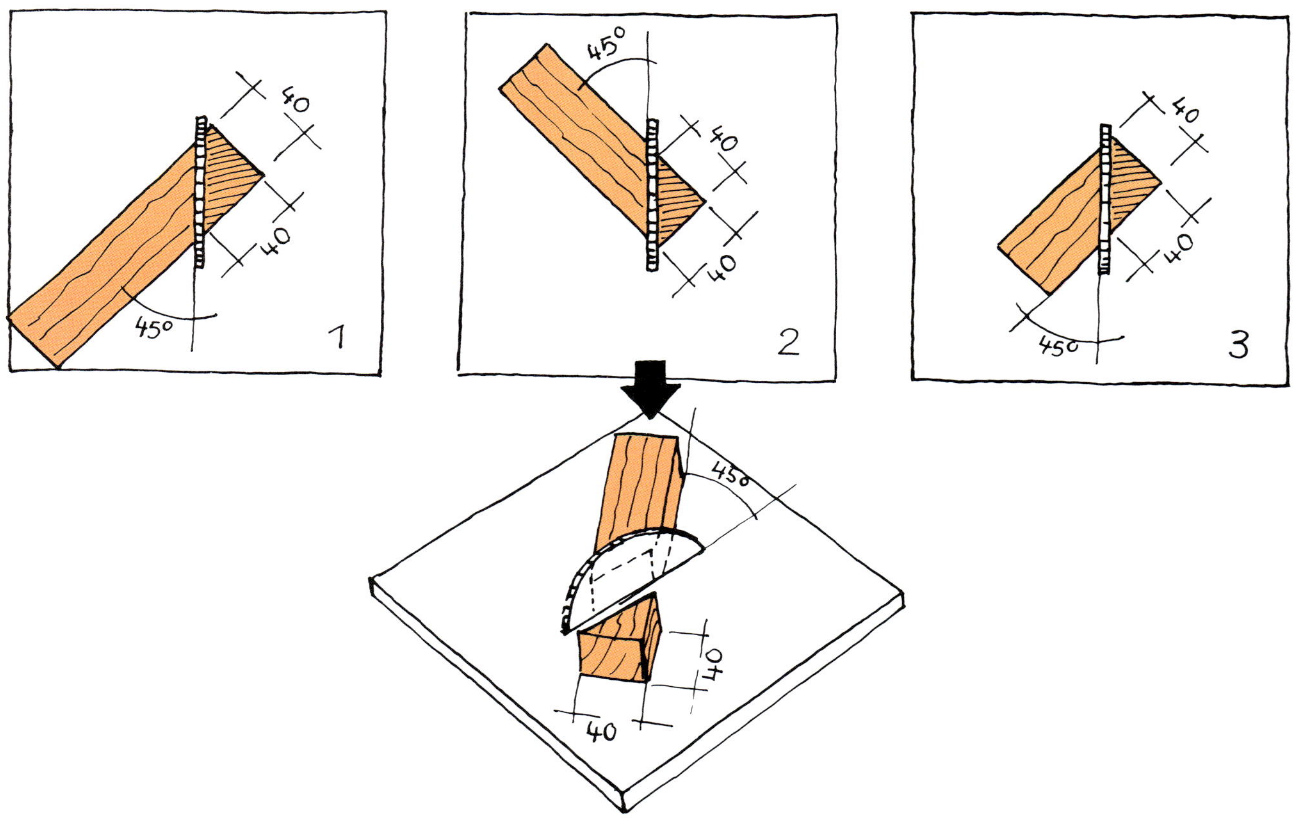


## Behältnis

Der Sperrholzzuschnitt (122 x 122 x 5 mm) stellt den Boden dar.

Den Leistenzuschnitt (11 x 22 mm) trennen Sie so, daß zwei 144 mm lange und zwei 122 mm lange Teile entstehen. Brechen Sie die Kanten leicht.

Die vier Teile werden per Trockenprobe auf ihre Paßgenauigkeit getestet. Beachten Sie, daß sich die gleichlangen Teile gegenüberliegen. Verkleben Sie die entsprechenden Flächen gut mit der Bodenplatte; verwenden Sie die Schraubzwinge.

Nach dem Abtrocknen des Leims sollte man die Klebestellen gut verschleifen.

## Bemalen

Zur Anwendung kommt Holzbeize. Diese Farbe ist gut lasierend. Sie betont die Maserung des Holzes zusätzlich. Verwenden Sie möglichst abgemischte Beizen, denn sie entsprechen eher der Holzstruktur. Beizen sind sehr gut untereinander mischbar.

Anstelle des Lackversiegelns reiben Sie die Teile mit einer Haushaltskerze ein. Anschließend mit einem Leinenläppchen auf Hochglanz polieren.

# Legespiel mit flachen Dreiecken

Dies ist ein differenziertes Konstruktionsspiel, das hier ausschließlich zum Legespiel umfunktioniert wird. Es erfordert klare Entscheidungen beim Zuordnen.

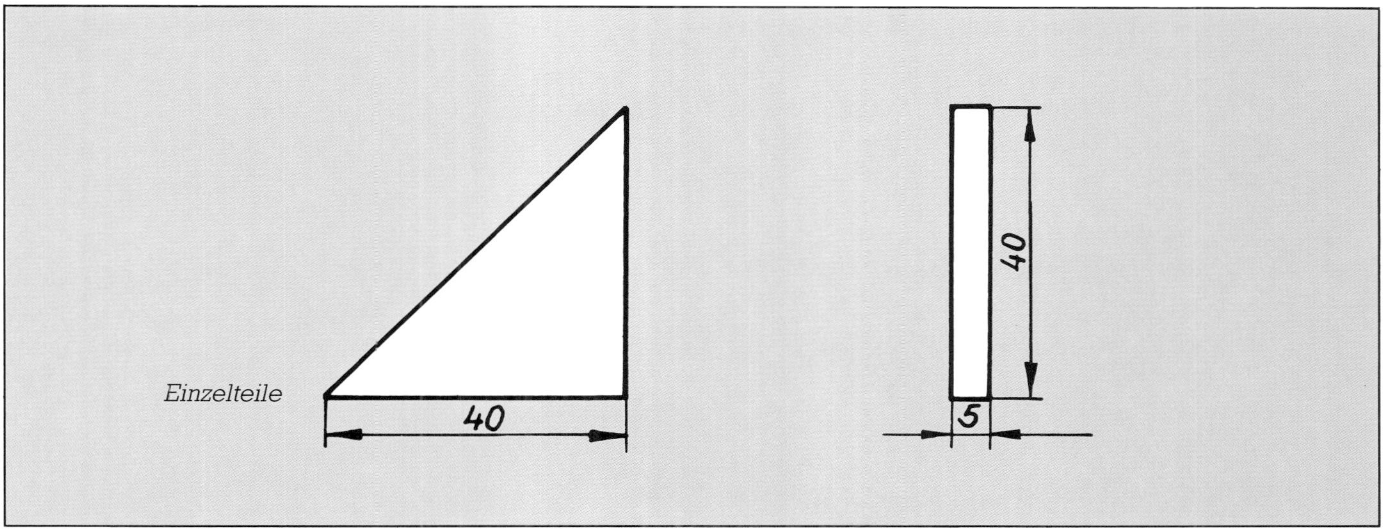


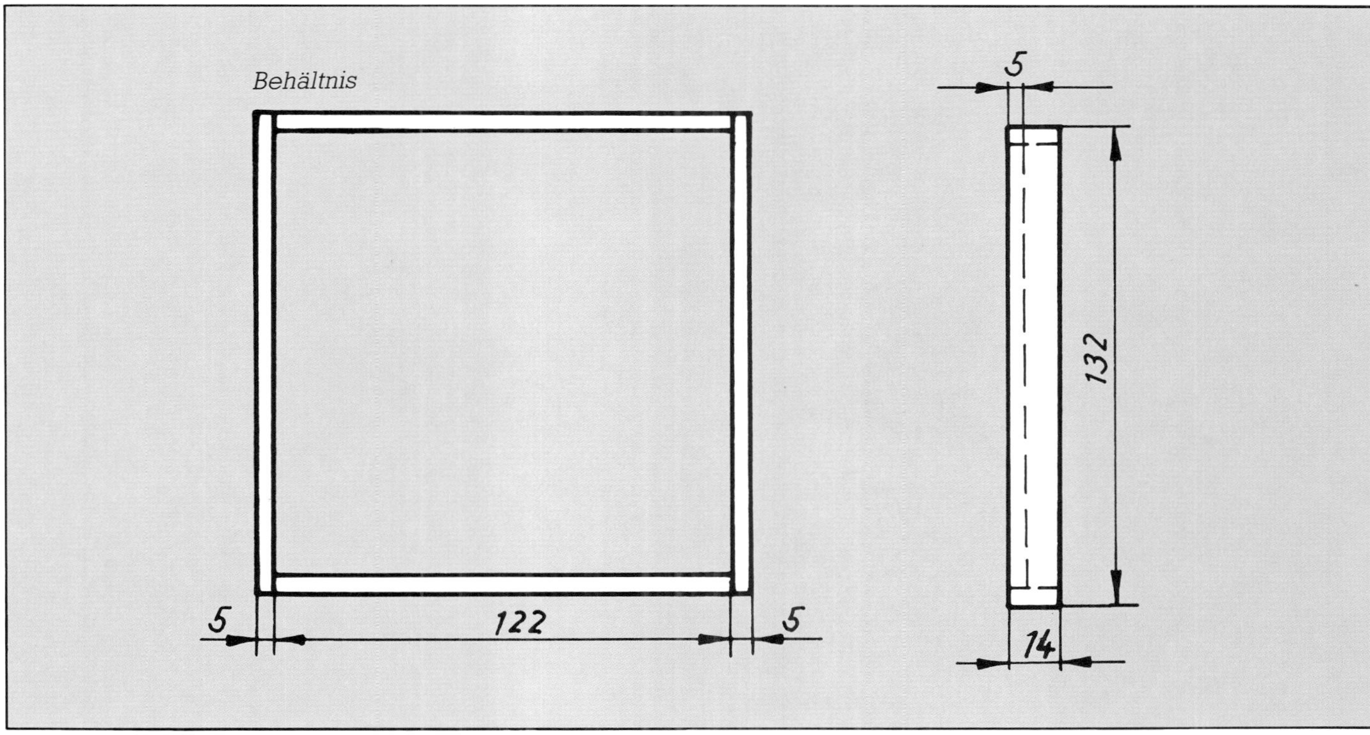


## Material (für einen Kasten)

| | |
|---|---|
| Hartholz | Leistenzuschnitt 14 x 5 mm, Gesamtlänge ca. 60 cm |
| Hartholz | Leistenzuschnitt 40 x 5 mm, Gesamtlänge ca. 100 cm. |
| Sperrholz | Zuschnitt 122 x 122 x 5 mm |

Farbe - Dekorlack schwarz, weiß, PVCA-Kleber.

## Werkzeug

Tischkreissäge, elektrischer Schwingschleifer, Schleifpapier mittel und fein, Pinsel.

## Sägen der Dreieckteile

Die Arbeitsweise entspricht der Fertigung der Dreieck-Bausteine (siehe Kapitel Dreieck-Bausteine). Beim Erarbeiten muß man lediglich die unterschiedlichen Höhenmaße berücksichtigen.

## Behältnis

Vom Leistenzuschnitt mit den Maßen 14 mm x 5 mm werden je zwei Teile mit 132 mm Länge und zwei Teile mit 122 mm Länge getrennt. Diese werden dann analog der Bauweise der vorangegangenen Behältnisse montiert.

## Bemalen

Das Spiel „lebt" von den Farbkontrasten der schwarzen und weißen Teile. Tragen Sie die wasserverdünnbare Dekor-Farbe mit einem feinen Haarpinsel auf. Gegebenenfalls erfolgt ein zweiter Auftrag.

Abschließend einige Tropfen Speiseöl auf ein Leinenläppchen geben und gut polieren.

# Kombi-System in Wabenform

Variationsmöglichkeiten sowohl in der Ebene als auch in der Höhe lassen alle Entscheidungen offen. Klare Festlegungen sind unabdingbar.

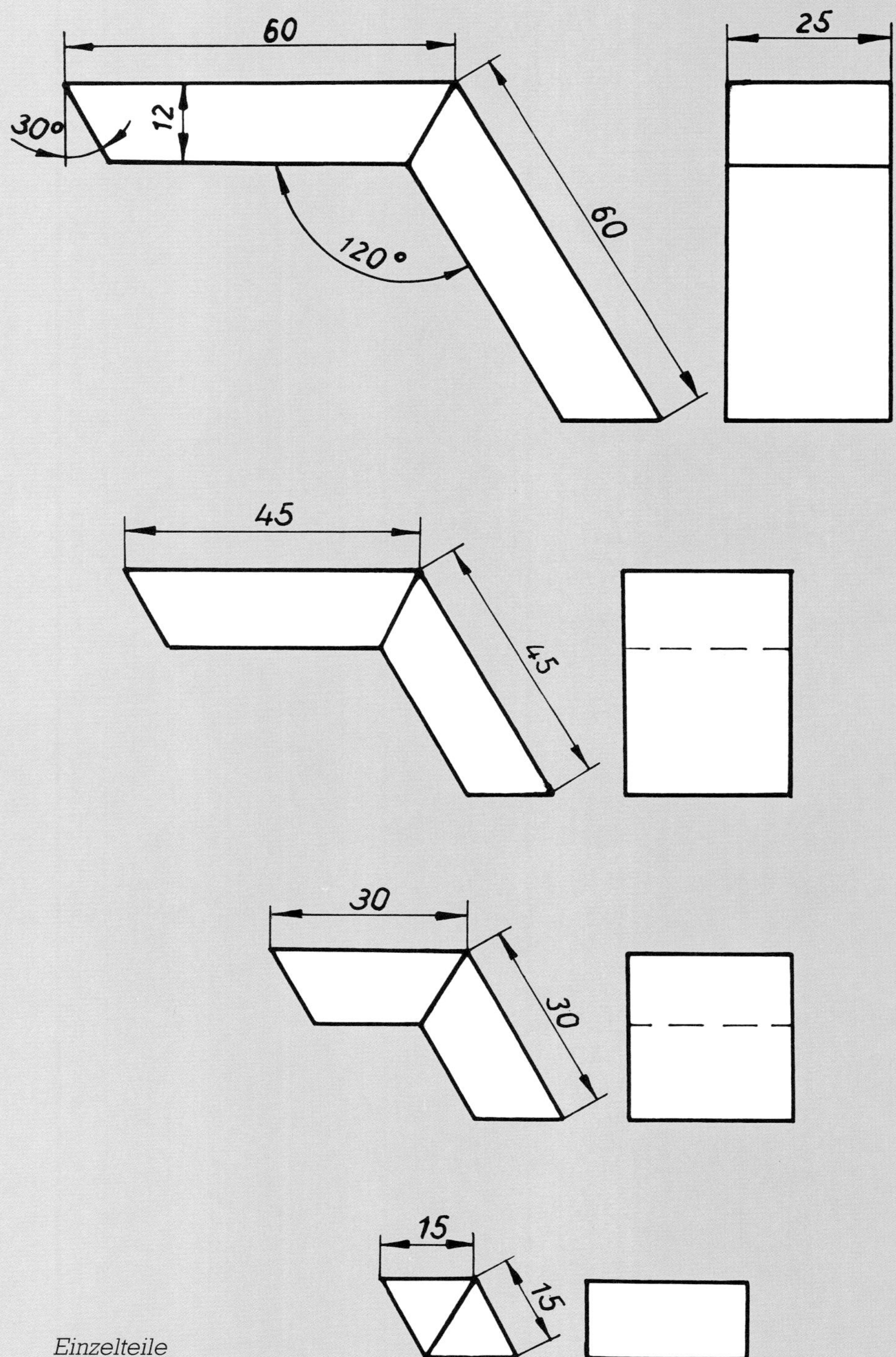


Einzelteile

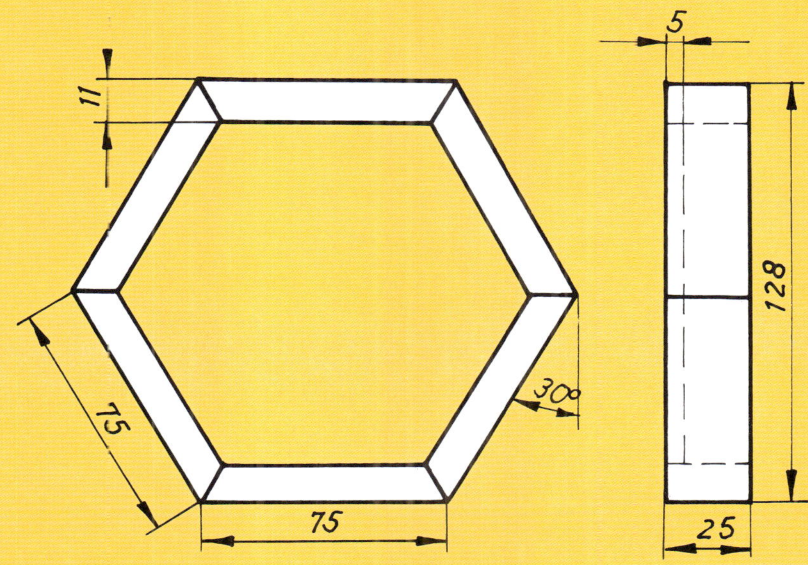


*Einzelteile*

**Material** (für einen Kasten)

Hartholz Leistenzuschnitt, gehobelt 12 x 25 mm, Gesamtlänge ca. 150 cm
Sperrholz Zuschnitt 180 x 180 x 5 mm
Farbe - Dekorlack oder Holzbeize, PVCA-Kleber, Pinsel.

## Werkzeug

Tischkreissäge, elektrischer Schwingschleifer, Schleifpapier, mittel und fein.

## Sägen

Die Sägearbeiten erfordern große Genauigkeit. Stellen Sie die Winkeleinrichtung Ihrer Maschine so ein, daß Schnitte im 30°-Winkel erzielt werden.

Zunächst schneiden Sie die sechs Umrandungsteile für das Behältnis zurecht. Dann folgen die sechs Teile des äußeren, des mittleren und des inneren Ringes.

Die drei Teile der Mitte werden ebenfalls von der laufenden Leiste im 30°-Winkel getrennt.

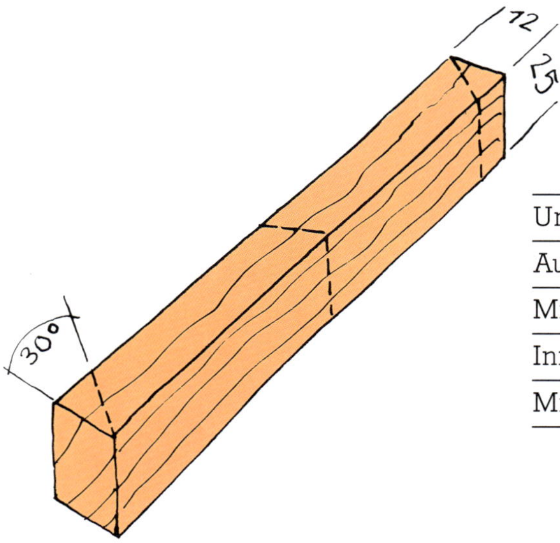


| | Teile | Schnittlänge | Winkel |
|---|---|---|---|
| Umrandung | 6 | 75 mm | 30° |
| Außenring | 6 | 60 mm | 30° |
| Mittlerer Ring | 6 | 45 mm | 30° |
| Innenring | 6 | 30 mm | 30° |
| Mitte | 3 | 15 mm | 30° |

## Behältnis

Die sechs zugeschnittenen Teile von 75 mm Länge werden im Breitenmaß (12 mm) auf 11 mm reduziert. Sägen Sie unbedingt auf der Innenseite (kürzere Seite). Dadurch erzielen Sie die notwendige Paßtoleranz für die einzuordnenden Teile.

Die Schnittlinien der Bodenplatte erhalten Sie am sichersten durch „Anreißen".

Kleben Sie dazu die sechs Behältnisumrandungsteile (75 x 11 mm) in der Reihenfolge zusammen.

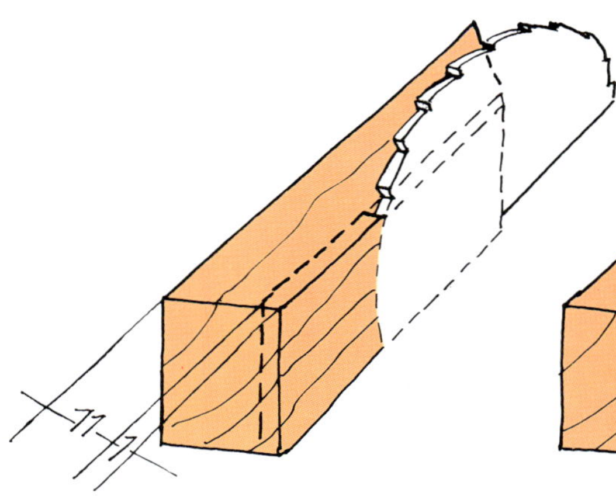


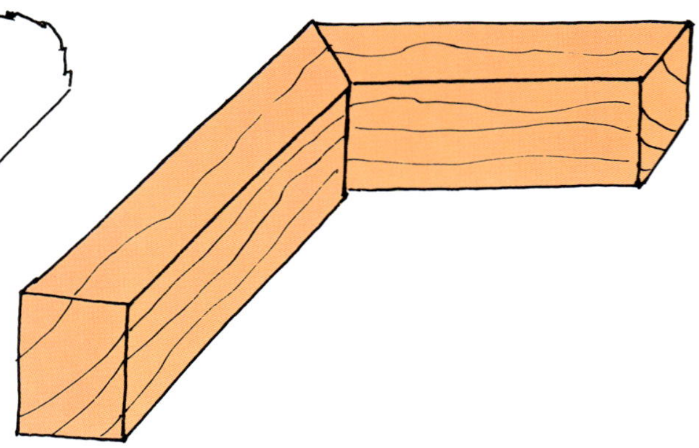

Den so entstandenen Sechseck-Rahmen legen Sie nach dem Abbinden auf den Sperrholzzuschnitt und zeichnen so dicht wie möglich mit einem spitzen, harten Bleistift an der inneren Umrandungskante eine sichtbare Linie.

Das Aussägen des sechskantigen Bodens muß unmittelbar an der gezeichneten Linie erfolgen. Exaktes Justieren der Säge ist nötig.
Kleben Sie nun den Boden in die Umrandung.

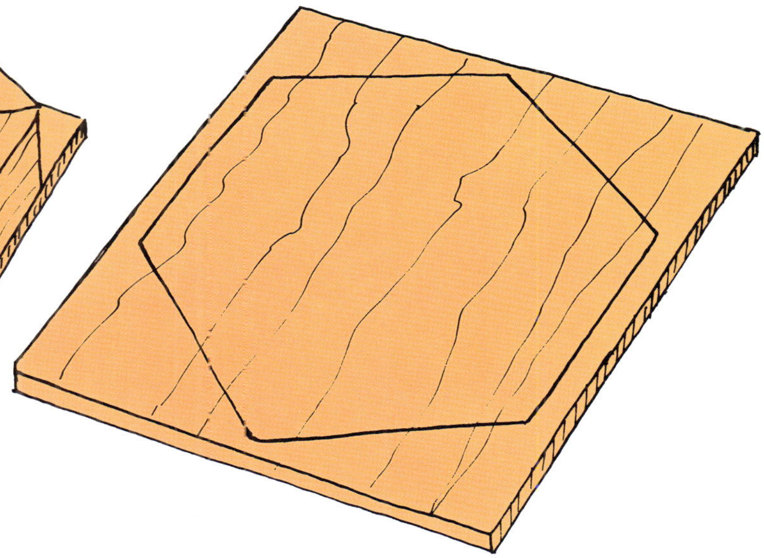

## Montage

Kleben Sie von den sechs gleichgroßen Teilen jeweils zwei an den 30°-Flächen zusammen.

Verwenden Sie als Unterlage eine feste, glatte Ebene (dicke Glasscheibe).

Sollten Sie am Ende der Klebearbeiten Paßschwierigkeiten haben, hilft leichtes Abschleifen der jeweiligen Außenfläche. Dies muß dann allerdings reihum erfolgen. Abschließend wird gut verschliffen und die Kanten werden rundum leicht gebrochen.

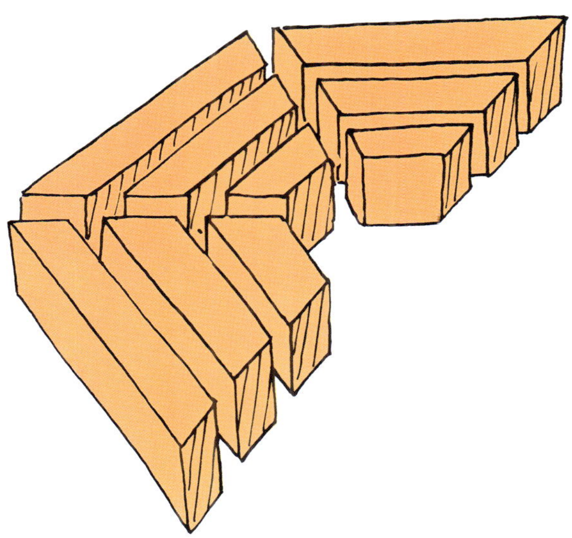

## Bemalen

Als Maltechniken bietet sich sowohl das Beizen als auch das Lasieren mit wasserverdünnbaren Dekor-Lacken an. Entscheiden Sie sich je nach Anwendungszweck der Baukästen selbst.

# Tips und Hinweise

Bestimmte Handgriffe, Arbeitsgänge und Verhaltensweisen wiederholen sich beim Bauen aller aufgeführten Spielzeuge.

Es folgen Hinweise, die man beim Arbeiten mit Holz beachten sollte.

## Elektrische Tischkreissäge

- Auf unbedingte Schärfe des Blattes achten.
- Die Zähne des Blattes zeigen in Drehrichtung.
- Beim „Durchschieben" kleiner Teile stets mit einer Schiebehilfe arbeiten.

## Elektrische Bohrmaschine

- Stets auf scharfe Bohrer achten.
- Bohrer fest einspannen.
- Kleinere Bohrteile einspannen.
- Beim Freihandbohren nicht verkannten.

## Bohrständer

- Unverzichtbar bei präzisen Bohrungen.
- Bei Vollbohrungen (Durchbohrungen) stets eine Unterlage aus Holz verwenden.

## Laubsäge

- Blatt nicht zu straff einspannen.
- Zähne zeigen in Griffrichtung.
- Säge möglichst nicht rückwärts führen.
- Bei Bedarf durch das Abfallholz nach außen führen.

## Schraubstock

- Beim Einspannen von Holzteilen „Schutzbrettchen" verwenden.

## Raspeln, Feilen

- Immer vom Körper weg arbeiten.

## Spannzwinge

- Sie dient als Halterung kleinerer Bohrteile.
- Beim Bohren gut am Schraubgriff festhalten.

## Leim (PVCA)

- Beide Klebeflächen mit einem Pinsel bestreichen.
- Während des Klebevorgangs Teile unter Druck halten.
- An den Nahtstellen austretender Leim muß sorgfältig mit einem feuchten Tuch entfernt werden.
- Klebeteile sind nach 10 Stunden voll belastbar.

## Farbe

- Dekorlacke sind wasserverdünnbar und untereinander gut mischbar.
- Mit dem Pinsel dünn auftragen.
- Nach dem Trocknen (ca. 1 Stunde) mit einigen auf ein Leinenläppchen getupften Speiseöltropfen polieren.
- Beizen sind wasserverdünnbar und untereinander gut mischbar.
- Mit Pinsel auftragen oder auch tauchen.
- Nach dem Trocknen (ca. 1 Stunde) mit giftfreiem Lack behandeln.

## Bohren von Sacklöchern, Bohren mit Forstnerbohrern

- Ansatzpunkt auf dem Werkstück markieren.
- Tiefenanschlag oder Stopper einstellen.
- Werkstück waagerecht zur Bohrerspitze richten, anbohren.
- Kontrollieren, bohren.

## Korrigieren falsch gesetzter Bohrlöcher

- Analoges Rundstabstück schneiden.
- Gut mit PVCA-Leim versehen, in Falschloch einschlagen.
- Ausquellenden Leim entfernen, nach Abtrocknen gut verschleifen.

## Sichern von deckungsgleichen Teilen (Körper „Schildy")

- Sie sollten sich die Mühe machen, diese Teile zu nageln.
- Zwei entsprechende Nägel möglichst weit auseinander (diagonal) in das Abfallholz setzen; die Nägelköpfe müssen mit der Zange gut greifbar sein.
- Bei größeren Teilen ist mit Klemmvorrichtungen zu arbeiten.

Ernst Wollitz

# Holzspielzeug für Kleinkinder selbst gebaut

Mit Bauplänen

Augustus Verlag Augsburg

# Inhalt



# Einführung

Die in diesem Buch vorgestellten Spielzeuge erfüllen nicht nur altersbezogene, pädagogische Belange, sondern sie vermitteln Freude an schönen Formen und Farben, verbunden mit der Lust, eigene handwerkliche Möglichkeiten zu testen und zu schulen.

An seiner Herstellung bildet der Bastelfreund seine Fähigkeiten, und die Kinder, für die sie bestimmt sind, entwickeln ihre Sinne.

Logische Formen, einfache Funktionen und durchschaubare Zusammenhänge sind die Elemente, welche zu dieser Auswahl führten. Selbst wenn Sie noch nie mit Holz gearbeitet haben, versuchen Sie es und lassen Sie sich nicht entmutigen!

Beginnen Sie mit einem einfachen Objekt, gewinnen Sie Selbstvertrauen und fordern Sie sich selbst, auch komplizierte Baufolgen zu bewältigen. Halten Sie sich dabei an die Anleitungen, in denen alle Phasen Schritt für Schritt, sowohl zeichnerisch als auch verbal, erläutert sind.

Identifizieren Sie sich mit den einzelnen Spielzeugen, indem Sie eigene Farbvorschläge bzw. Formveränderungen einarbeiten. Bewältigen Sie die Arbeit mit Optimismus und Zuversicht. Sie werden erstaunt sein, welche Zufriedenheit ein gelungenes Holzspielzeug vermittelt.

Viel Spaß und »Gut Holz«.